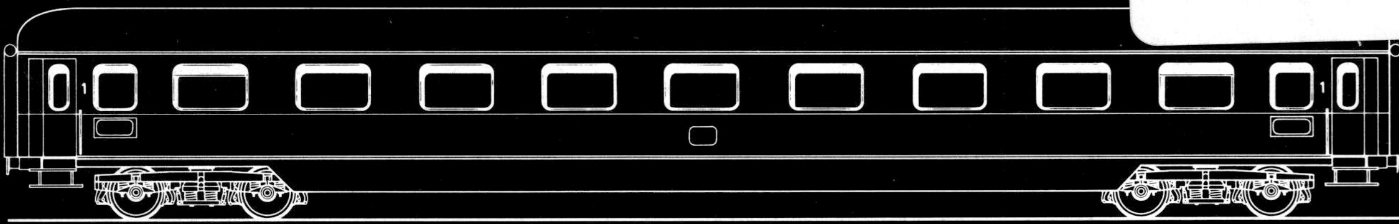

SPEISEWAGEN
DSG
SPEISEWAGEN

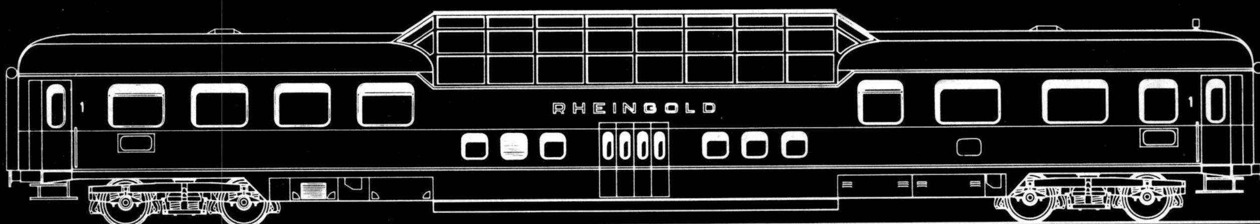
RHEINGOLD

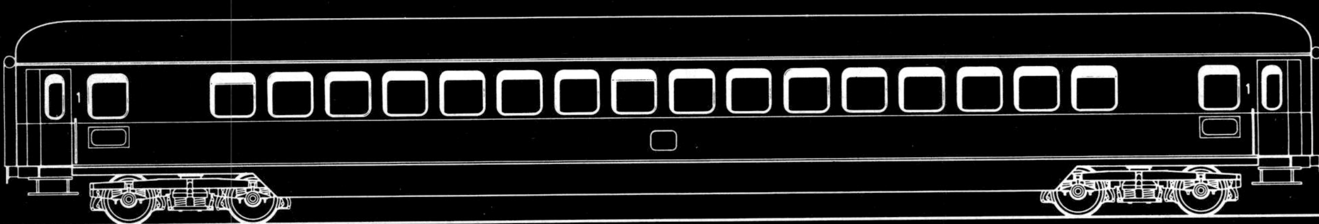

Friedhelm Ernst

RHEINGOLD

Luxuszug durch sechs Jahrzehnte

alba

4. Auflage, überarbeitet und aktualisiert

Erschienen: Mai 1988
Einbandgestaltung: Karlheinz Hartung, Düsseldorf
Herstellung: Boss-Druck und Verlag, Kleve
ISBN 3-87094-115-4

Inhalt

Vorwort zur vierten Auflage

Mit diesem Buch, verehrter Leser, halten Sie die vierte, noch einmal erweiterte Auflage eines Werkes in Händen, das sich an einen ständig wachsenden Interessentenkreis wendet: an die Freunde der Eisenbahn und ihrer Geschichte.

Vielleicht freuen Sie sich mit mir darüber, daß der Begriff „Rheingold" seit mehr als einem halben Jahrhundert in den Bereich der scheinbar so nüchternen Verkehrstechnik Eingang gefunden hat. Seinen Namen entlehnt er der bekannten Sage vom geheimnisvollen, im Rhein versunkenen Nibelungenschatz und seiner musikalischen Interpretation Richard Wagners. Wahrscheinlich empfinden auch Sie das Fehlen des vertrauten Zuges seit dem Sommerfahrplan 1987 als schmerzlichen Verlust.

Lassen Sie uns miteinander noch einmal die wechselvolle Historie des komfortabelsten internationalen Reisezuges der damaligen Deutschen Reichsbahn-Gesellschaft und der Mitropa erleben, der am 15. Mai 1928 seine Fahrt zwischen den Niederlanden und der Schweiz über die romantische Rheinroute aufnahm.

Fast 60 Jahre lang – nur durch den Krieg und die unmittelbar folgende Zeit unterbrochen – hat uns dieser, mit einem so treffenden Namen ausgestattete Expreß begleitet; erschien er in den Kursbüchern und Taschenfahrplänen, auf den Abfahrtstafeln der großen Bahnhöfe, auf Fahrtrichtungsanzeigern und Zuglaufschildern. Rot- oder Fettdruck, oft beides, hob ihn aus dem Kreis der Schienenverbindungen heraus und betonte seinen exklusiven Charakter.

Über so manchen „Namenszug" gibt es umfassende Dokumentationen. Auch der „Rheingold" fand mannigfaltige Würdigung. Doch waren es stets nur Teilbereiche, wie z. B. Fahrplan, betriebs- oder maschinentechnische Abhandlungen. Eine einigermaßen vollständige historische Betrachtung blieb diesem Buch vorbehalten.

Unter Berücksichtigung allen erreichbaren Materials wurde mit der vorliegenden vierten Auflage versucht, Wesen und Werden des wirklich großen Zuges aufzuzeichnen. Er hat die Entwicklung zum neuzeitlichen Reisekomfort bis in die Tage des hochqualifizierten Euro- und Intercity-Verkehrs nachhaltig beeinflußt und mitgeprägt.

Möge der Name „Rheingold" bald wieder ein Qualitätsbegriff für bequemes Reisen auf Europas Schienen sein!

Friedhelm Ernst

Köln, im Frühjahr 1988

Eine lange Vorgeschichte

Seitdem die Bewohner Europas miteinander Handel treiben, spielt das Rheintal eine führende Rolle. Hinzu kommt die geographische Mittellage im europäischen Raum, die Deutschland – weit mehr als beispielsweise Frankreich oder Italien – verbindende Funktionen im Schnittpunkt der Verkehrsströme zuteilt. Dies zeigte sich zunächst bei den großen Flüssen und den alten Handelsstraßen; aber auch schon in der Frühzeit des Eisenbahnzeitalters hatten die deutschen Länder eine höhere Zahl von grenzüberschreitenden Strecken aufzuweisen als andere europäische Staaten.

Lange dauerte es, bis sich ein „Reiseverkehr" im heutigen Sinne entwickelte, bis die Eisenbahnen dazu übergingen, dem reisenden Gast neben der bloßen Beförderung auch weitere Bequemlichkeiten, wie die Beköstigung oder – auf langen Nachtfahrten – ein Bett anzubieten. Eine solche fühlbare Verbesserung des Reisekomforts vollzog sich in der zweiten Hälfte des vorigen Jahrhunderts: 1880 lief zwischen Berlin und Bebra der erste „Restaurationswagen" in Deutschland. Mehr als 10 Jahre zuvor schon waren in die „Courierzüge" zwischen Berlin und Köln sog. Schlafplatzwagen eingestellt worden, und kurz vor der Jahrhundertwende (1898) standen der Königlich Preußischen Staats-Eisenbahn-Verwaltung bereits 65 eigene Schlafwagen zu Verfügung.

Verschiedene, zum Teil nur auf bestimmte Räume oder einzelne Strecken begrenzte Unternehmen befanden sich im Speisewagenbetrieb miteinander im Wettbewerb. Eine deutliche Vormachtstellung nahm hierbei die im Jahre 1876 gegründete „Internationale Schlafwagen-Gesellschaft" mit Sitz in Paris ein, die zusammen mit den rollenden Restaurants ihres Tochterunternehmens „Deutsche Eisenbahn-Speisewagen-Gesellschaft" wesentliche Teile des damaligen Deutschen Reiches bediente.

Der Ausbruch des 1. Weltkrieges und sein für die Mittelmächte zunächst erfolgreicher Verlauf boten dann den unmittelbaren Anlaß für die schon seit längerem beabsich-

Vorbei an der Pfalz, einer mittelalterlichen Zollfestung im Rhein, führten „Maffei-Maschinen" zahlreiche internationale Reisezüge. Foto: Theo Felten

Aus der Frühzeit der Luxuszüge in Deutschland: L 55 mit Tenderlok 78 477. Der dreiachsige Abteilwagen diente dem Binnenverkehr. Foto: Carl Bellingrodt

Zwei blaue Schlaf-, ein Speise- und ein Packwagen bildeten den Stamm des L 11; hier in Berlin-Wuhlheide mit Lok 17 1066. Foto: Carl Bellingrodt

tigte Übernahme der Schlaf- und Speisewagendienste durch eine Gesellschaft deutschen Rechts. So kam es am 24. November 1916 in Berlin zur Gründung der „Mitteleuropäischen Schlafwagen- und Speisewagen-Aktiengesellschaft (MITROPA) unter Beteiligung der größeren deutschen Länderbahnen, der Staatsbahnen Österreichs und Ungarns, der Hamburg-Amerika-Linie, des Norddeutschen Lloyd und etwa 20 verschiedener Banken.

Doch weder die Übernahme der ISG-Geschäfte innerhalb Deutschlands bzw. der zeitweilig besetzten fremden Gebiete durch das neue Unternehmen noch der nur zwei Jahre lang (bis 1918) verkehrende deutsche „Balkanzug“ Berlin–Konstantinopel sollten von Bestand sein. (Dieser vorwiegend aus preußischen, sächsischen und beschlagnahmten ISG-Wagen gebildete Zug sollte übrigens den kriegsbedingt ausgefallenen traditionsreichen „Orient-Expreß“ ersetzen.)

Der Ausgang des Krieges sah für die junge Mitropa ganz anders aus als erwartet. Nach einer Betriebsruhe, die bis Mai 1919 währte, besserte sich die Lage nur langsam; denn der Versailler Vertrag vom 28. Juni des gleichen Jahres räumte den ausländischen Nachbarn Vorteile ein. Deutschland mußte sich verpflichten, aus dem Gebiet der Alliierten kommende Züge und Wagen zu übernehmen und diese „mit einer Geschwindigkeit weiterzubefördern, die mindestens der seiner besten Fernschnellzüge auf allen Strecken entsprach“. Daß aus dieser Bestimmung des Artikels 367 auch die ISG ein

Privileg für sich ableiten sollte, bewies die Praxis recht bald.
Nur in geringer Zahl verkehrten ab Mitte des Jahres 1919 neben den Schlafwagen der Preußischen Staatsbahn wieder Mitropa-Fahrzeuge, und zwar überwiegend Speisewagen; denn die im 1. Weltkrieg bei der ISG erworbenen 32 „wagons-lits“ – so die französische Bezeichnung für Schlafwagen – wurden bis auf drei Stück schon 1920 – die drei letzteren 1923 – an ihre frühere Eigentümerin zurückgegeben; und erst 1922/23 standen der Mitropa Neubauten zur Verfügung.
Zwei Jahre nach dem Friedensschluß traten zu den innerdeutschen Schlaf- und Speisewagendiensten erstmals auch Einsätze im grenzüberschreitenden Verkehr nach den Niederlanden und der Schweiz. Nach Dänemark konnte im Juni 1922 der Schlafwagenbetrieb, und zwar zwischen Berlin bzw. Hamburg und Kopenhagen, durch die Mitropa eröffnet werden. Und konsequent verfolgte man weitergehende Ziele: Unter dem anspruchsvollen Namen „Skandinavien-Schweiz-Expreß“ weist der Winterfahrplan 1924/25 einen einmal wöchentlich verkehrenden Mitropa-Schlafwagenzug L 91/92 von Saßnitz und Warnemünde über Magdeburg–Frankfurt (M.) nach Basel aus. Einige Jahre hindurch soll er jeweils von Januar bis März/April zum Einsatz gekommen sein, ehe im strengen Winter 1928/29 bei einer Temperatur von –30 °C die Ostsee zufror und damit sein Schicksal besiegelt war. Obgleich für die Benutzung Fahrkarten 1. Klasse zu lösen waren, erfreute sich der Zug eines guten Zuspruchs. Sein Nachteil lag wohl darin, daß mangels Fährschiffraum kein Wagen über die Ostsee trajektiert wurde, sondern die Fahrgäste umsteigen mußten.
Demgegenüber blieben die Erfahrungen mit dem anfangs der zwanziger Jahre auf der 714 km langen Strecke Berlin–Hannover–Bentheim–Hoek van Holland (–London) eingerichteten L 111/112 „Berlin-London-Expreß“ hinter den Erwartungen zurück. Der Zug war sehr mäßig besetzt und verkehrte daher nur in den Sommerhalbjahren (dreimal wöchentlich). Trotzdem verdient er sowohl hinsichtlich der erreichten Reisegeschwindigkeit (auf deutschen Strecken mehr als 78 km/h) als auch des eingesetzten Wagenmaterials als erster deutscher „Komfortzug“ besondere Erwähnung, bestand er doch ausschließlich aus Salonwagen des ehemaligen Kaiserlichen Hofzuges, die für den neuen Bestimmungszweck umgerüstet worden waren. Im übrigen stellte die Mitropa neben den Salonwagen seinerzeit auch einen Speisewagen zur Versorgung

Zwischen Köln und Ostende ließ die ISG in den dreißiger Jahren ihren einzigen Pullmanzug verkehren, der über deutsches Gebiet führte. Das Foto zeigt die belgische „Pazifik“ 4555 vor L 176 bei der Ausfahrt aus Aachen Hbf.
Foto: Carl Bellingrodt

ISG-Pullman L 176 verläßt Köln in Richtung Westen. An der Spitze Lok 17 123.
Foto: Carl Bellingrodt

der Reisenden zwischen Berlin und den Niederlanden bei. Ab 1926 lief allerdings nur noch ein Salonwagen täglich im D (später FD) 111/112.

Daß die Entwicklung im Fernschnellverkehr nach 1919 keineswegs geradlinig verlief, lag teilweise, aber nicht allein an der scharfen Konkurrenzsituation zwischen der französischen ISG und der Mitropa. Ereignisse wie die Ruhrbesetzung brachten beispielsweise innerdeutsche Schlaf- und Speisewagendienste zeitweise völlig zum Erliegen. Auch das zum 1. Juni 1923 aufgebaute System von Ferndurchgangszügen mit nur 1. und 2. Wagenklasse, zunächst zwischen der Reichshauptstadt Berlin und Köln, Hamburg bzw. München vorgesehen, wurde in Mitleidenschaft gezogen und konnte erst drei Jahre später voll zur Geltung kommen.

Zudem bedeutete die von der Europäischen Fahrplan- und Wagenbeistellungskonferenz für Mitte Mai 1926 vereinbarte Wiedereinführung des „Nord-Expreß" eine Verstärkung des ISG-Angebots in Deutschland und im Transit durch das Reich. Dieser täglich zwischen der französischen Hauptstadt bzw. der Kanalküste und Berlin verkehrende Luxuszug, der an einigen Tagen der Woche bis Warschau weiterfuhr, fand über Riga und Moskau zweimal wöchentlich sogar Anschluß an den „Sibirien-Expreß".

Aus dieser Situation heraus verdient die Zielstrebigkeit der 1920 aus den vormaligen Länderbahnen hervorgegangenen Deutschen Reichsbahn und der Mitropa Aufmerksamkeit und Anerkennung. Systematisch wurden, wo immer sich die Möglichkeiten ergaben, die Auslandsdienste ausgeweitet. Die Übernahme aller bahneigenen deutschen Schlafwagen durch die Mitropa in den Jahren 1925/26 und der Ablauf des im Versailler Vertrag enthaltenen hinderlichen Artikels 367 verbesserten die Position der jungen Speise- und Schlafwagengesellschaft und ließen auch auf seiten der ISG das Bemühen um geregelte Verhältnisse erkennen.

Schließlich brachte ein Vertragswerk zwischen beiden Unternehmen und der Deutschen Reichsbahn-Gesellschaft vom 23. April bzw. 20. Mai 1925 die so notwendige Interessenabgrenzung. Artikel II, Ziffer 2, der Abmachungen zwischen ISG und Mitropa spricht der letzteren „die Läufe der vollständigen Züge wie auch die der einzelnen Schlafwagen, Speisewagen und Salonwagen zwischen Deutschland und Holland sowie zwischen Deutschland und Skandinavien" zu. Und Ziffer 4 erkennt ihr die Führung vollständiger Züge und Schlafwagen zwischen Holland, Skandinavien und Deutschland einerseits und den Städten Bern, Chur, Interlaken, Zürich und Lugano andererseits über Bregenz, Schaffhausen und Basel zu, darüber hinaus auch Speisewagen zwischen Holland, Skandinavien und Deutschland sowie nach Zürich und Arth-Goldau.

In Ergänzung hierzu kam es im Oktober des Jahres 1926 zu einem Vertrag zwischen der Generaldirektion der Schweizerischen Bundesbahnen (SBB), der Berner Alpenbahn-Gesellschaft Bern-Lötschberg-Simplon (BLS) und der Mitropa „über den Betrieb von Schlaf- und Speisewagen sowie Luxuszügen" auf den Strecken der SBB und der BLS. Damit war der eigentliche Grundstein für den Einsatz deutscher Komfortzüge und -wagen in der Relation (Großbritannien-) Niederlande–Deutschland–Schweiz gelegt, woran das Deutsche Reich nach Abtretung Elsaß-Lothringens – dem Vorkriegs-Transitweg – an Frankreich großes Interesse haben mußte.

Die zweite Hälfte der zwanziger Jahre eröffnete für den hochqualifizierten Reiseverkehr in Europa mit den Pullman-Luxuszügen einen bisher ungewöhnlichen Komfort. Neben die „Grands Express Européens" traten ab 1925 luxuriöse Tageszüge der ISG mit Großraum-Salonwagen, deren herausragendes Kennzeichen im Verzicht auf die Mitführung eines Speisewagens lag. Stattdessen war etwa jeder zweite der sog. „Pullman"-Wagen mit eigener Küche ausgestattet, von wo aus der Speise- und Getränkeservice am Platz des Reisenden erfolgte.

Der erste derartige Luxuszug, 1925 zwischen Mailand und Cannes eingeführt, bestand dabei übrigens noch aus Wagen, die in England für die britische Pullman Car Company gebaut und später zum Teil wieder an diese zurückgegeben worden waren. Ihm folgte 1926 zunächst der „Flèche d'Or" zwischen Paris und Calais (mit Schiffsanschluß nach und von England). Und bis 1929 waren es nicht weniger als 20 ISG-Pullman-Dienste, darunter der seit 1928

Für das umfangreiche Reisegepäck befand sich in jedem Pullmanzug stets ein Packwagen. Im Gegensatz zu den „großen Expreßzügen" oblag seine Gestellung zwischen Köln und Ostende den beteiligten Staatsbahnen.
Foto: Carl Bellingrodt

Abfahrbereit in Namur steht der ISG-Pullman „Edelweiß“, der seit 1928 auf der Strecke (Zürich–) Basel–Amsterdam zum Einsatz kam.
Foto: Charles R. G. Stuart

verkehrende „Edelweiß“ Amsterdam–Brüssel–Luxemburg–Straßburg–Basel–Luzern und später der auf seinem deutschen Streckenteil von Dampflokomotiven der preußischen Baureihe S 10 geführte Pullmanzug Köln–Aachen–Brüssel–Ostende.

Trotz der sich anbahnenden Weltwirtschaftskrise zeigte man auf deutscher Seite gerade an den beiden letztgenannten Zügen sehr lebhaftes Interesse, freilich in erster Linie aus Konkurrenzgründen im Hinblick auf den britischen Markt. Um den Verkehr nicht ganz vorbeiziehen zu lassen, schritt man auch zur Eröffnung eines Auskunfts- und Werbebüros für den deutschen Reiseverkehr am 1. November 1926 in unmittelbarer Nähe des vielbelebten Londoner Piccadilly Circus, nach New York übrigens das zweite seiner Art.

Der „Edelweiß“ mit AL-Lok 1332 in Diedenhofen. Im Sommer 1939 wurde der Zug planmäßig aus einem französischen Packwagen und 4 Pullman-Salonwagen gebildet.
Foto: Charles R. G. Stuart

Die Reichsbahn holt auf

Wohl kaum ein Zeitabschnitt zuvor hatte im Schienenverkehr derartig umfangreiche Verbesserungen gebracht wie die zweite Hälfte der zwanziger Jahre. Deutschland, das am 8. September 1926 dem Völkerbund beigetreten war, bemühte sich nach den Entbehrungen der Kriegsjahre und der nachfolgenden Geldentwertung wieder in allen Bereichen um den Anschluß an internationales Niveau. Mit der noch jungen Deutschen Reichsbahn-Gesellschaft erlebte das Eisenbahnwesen dabei einen einmaligen technischen Aufschwung, der in vieler Hinsicht untrennbar mit der Person des Mitte 1926 zum Generaldirektor ernannten, hervorragenden Fachmannes, Dr. Julius Dorpmüller zu sehen ist.

Das Reisen auf Strecken, die dem internationalen FD-Zug-Verkehr dienten, versuchte man u. a. dadurch angenehmer zu gestalten, daß eine durchgreifende Erneuerung des Oberbaues eingeleitet wurde. Von der seinerzeit üblichen Schienenlänge (sie betrug durchweg 15 m) auf das doppelte Maß überzugehen, schien indessen nur möglich, „weil bei den neuzeitlichen Oberbauformen die Schienen durch die Befestigungsmittel so fest auf den Schwellen gehalten werden, daß die durch Einwirkung der Luftwärme hervorgerufene Ausdehnung nicht voll eintreten kann, sondern größtenteils von der Schiene aufgenommen und verarbeitet wird". An nahtlos verschweißte, kilometerlange Gleise wagte damals noch niemand zu denken.

Neben Neuerungen auf dem Gebiet der Sicherungstechnik – als Beispiel sei die Einführung des Selbstblocks auf einigen Strekken im Bereich der damaligen RBD Berlin genannt – dürfte hier vor allem auch die Modernisierung des rollenden Materials interessieren: In den Werkhallen der AEG baute man bereits 1925 Kohlenstaublokomotiven, ein Jahr später konnte die erste 1200-PS-Diesellok mit Magnetkupplung von der DRG in Betrieb genommen werden. Mit dem Ziel der Vereinheitlichung des sehr vielgestaltigen, oftmals aus Einzelstücken oder Kleinserien bestehenden Triebfahrzeugparks der vormaligen Länderbahnen stellte man Mitte der zwanziger Jahre ein ausgewogenes Typenprogramm sogenannter „Einheits-Dampflokomotiven" auf, dessen Grundsätze zwei Jahrzehnte hindurch Geltung be-

Unter den 24 Eisenbahnbrücken über den Rhein zwischen der Schweiz und den Niederlanden war die Kölner Hohenzollernbrücke schon in den zwanziger und dreißiger Jahren die bedeutendste.
Foto: Sammlung Ernst

Zu den bekanntesten „Einheits-Dampflokomotiven“ der Deutschen Reichsbahn-Gesellschaft zählte die Baureihe 01, die ab 1934 vom Bw Offenburg aus auch vor dem „Rheingold“ erschien. Foto: Sammlung Hill

hielten. Bei Henschel in Kassel entstand als erste Hochdrucklokomotive der Welt eine 2 C-Dreizylinder-Verbund-Heißdampf-Schnellzuglokomotive mit 60 atü. Im Rahmen des Arbeitsbeschaffungsprogramms der Reichsregierung war es möglich, die Elektrifizierung verschiedener Bahnstrekken in dem noch heute in Deutschland üblichen System mit Wechselstrom 15 kV, $16\frac{2}{3}$ Hz, einzuleiten, darunter die Verbindungen Halle–Magdeburg, Breslau–Arnsdorf, Dittersbach–Glatz und vom Kernpunkt München aus in Richtung Pressig-Rothenkirchen, Freilassing–Salzburg, Kufstein und Regensburg; nicht zu vergessen auch die Ausrüstung der Berliner Stadtbahnstrecken mit Seitenschiene für 800 V-Gleichstrombetrieb, deren Kernstück Potsdam–Erkner am 11. Juni 1928 dem Betrieb übergeben werden konnte.

Für Eil- und beschleunigte Personenzüge entwickelte man Ende der zwanziger Jahre eine neue Wagenbauform: den vierachsigen Durchgangswagen 2. und 3. Klasse mit offenen Übergängen. Auch die D-Zug-Wagen erhielten äußerlich ein ähnliches Erscheinungsbild, bei geschlossenen Abteilen und Seitengängen im Inneren. Dabei wurden die Drehgestellte amerikanischen und preußischen Stils durch solche der neu entwickelten Bauart Görlitz ersetzt. Zweiachsige genietete Personenzugwagen (wegen ihres nicht sehr ruhigen Laufs und ihres Dröhnens als „Donnerbüchsen“ bekanntgeworden) leiteten die Ablösung der bis dahin in Nord-, Mittel- und Westdeutschland vorherrschenden Abteilwagen ein. Und neben 100 neuen Schlaf- bzw. Speisewagen der Mitropa sollte sich die Spitzenstellung der Deutschen Reichsbahn-Gesellschaft unter den europäischen Eisenbahnen im bis dahin unerreichten Reisekomfort der „Rheingold“-Salonwagen zeigen.

Eine amtliche Verlautbarung zu Anfang des Jahres 1927 über den Entwurf und die Bestellung von 20 D-Zug-Wagen „mit besonderer innerer Ausstattung, zur Vergrößerung der Bequemlichkeit“ und „zur Bildung von FD-Zügen“ ließ schon aus der Stückzahl auf eine gezielte Sondermaßnahme schließen. Spätestens aber die Europäische Fahrplan- und Wagenbeistellungskonferenz, die vom 18. bis 22. Oktober 1927 in Prag tagte, ließ die Reichsbahn die Karten aufdecken. In den Gruppenverhandlungen verabschiedete man unter einer großen Zahl von Fahrplananträgen auch einen, der sich mit der Einrichtung einer Tagesschnellverbindung zwischen Amsterdam bzw. Hoek van Holland und Basel mit Wagen besonderer Bauart nach dem Pullmansystem befaßte. Damit war der „Rheingold" geboren.

Die Frage, ob auch bei der Deutschen Reichsbahn-Gesellschaft Pullman-Züge, die namentlich in Amerika bei tagelangen Fahrten Verwendung fanden, eingeführt werden sollten, ist zeitgenössischen Berichten zufolge vielfach erörtert worden. Und ganz gewiß dürfte die jüngste Aktivität der ISG auf diesem Gebiet den letzten Ausschlag gegeben haben, den als „Versuch" bezeichneten deutschen Pullman-Zug zwischen den Niederlanden (mit Schiffsanschluß von und nach Großbritannien) und der Schweiz ab 15. Mai 1928 vorzusehen. Dabei erhielten die bisherigen Spitzenzüge der Rheinstrecke, die FD 163/164 Schweiz–Niederlande, einem alten Brauch entsprechend, die 3. Wagenklasse und wurden unter Beibehaltung der bisherigen Anschlüsse nurmehr als D-Züge gefahren.

Wohl orientiert an den wagenbaulichen Leitgedanken der von der ISG betriebenen „Großen Europäischen Expreßzüge", in der konstruktiven Durchbildung ebenso wie in der Ausstattung jedoch weiter verbessert, sicherte sich der „Rheingold" von Anfang an seinen Platz unter den führenden Luxuszügen in Europa. Die Paß- und Zollabfertigung im fahrenden Zug zwischen Zevenaar und Duisburg bzw. den beiden Baseler Bahnhöfen – heute in ganz Westeuropa selbstverständlich – sollte nur ein, wenngleich für das reisende Publikum herausragendes Merkmal dieser neuen internationalen Verbindung sein.

Es mag verwunderlich anmuten, daß ein Luxuszug mit nur 1. und 2. Wagenklasse gerade zu einem Zeitpunkt eingerichtet wurde, als sich rückläufige Tendenzen in der Wirtschaft bereits abzeichneten und zudem der Anteil der Reisenden in der 3. und 4. Klasse zusammen fast 95% betrug. Ja, die besonders aufwendig gestaltete 1. Klasse konnte 1927 in ganz Deutschland nicht einmal 0,03% der beförderten Personen auf sich vereinigen. Daß man vor einem solchen Hintergrund ganz offen von der Einführung des Zweiklassensystems sprach, scheint nur allzu verständlich. Tatsächlich aber kam man diesem Ziel durch Aufhebung der 4. Klasse zum 7. Oktober 1928 und Beschränkung der 1. Klasse auf besonders wichtige Schnellzüge, die FD-Verbindungen, Schlafwagen und internationale Luxuszüge schon erheblich näher.

Für die Deutsche Reichsbahn-Gesellschaft muß das Geburtsjahr des „Rheingold" trotz erster Anzeichen eines Abflauens der Hochkonjunktur als erfolgreich bewertet werden. Den Einnahmen ihrer Jahresrechnung 1928 von 5,2 Mrd. Reichsmark standen Ausgaben für Betrieb, Unterhaltung und Erneuerung in Höhe von „nur" 4,3 Mrd. Reichsmark (darunter 2,4 Mrd. Reichsmark für Personalkosten) gegenüber. Aus der Tatsache, daß drei Viertel dieses Betrages für Verzinsung und Tilgung der Reparationsschuldverschreibungen aufgewandt werden mußten, läßt sich – neben ihren eigentlichen Aufgaben – die finanzpolitische Bedeutung des größten deutschen Verkehrsunternehmens in jenen Jahren erkennen.

Für ihre neu elektrifizierten Strecken in Bayern, Mitteldeutschland und Schlesien beschaffte die DRG auch die Lokomotiven der Baureihe E 17.
Foto: Archiv „em"

Aus dem Zeitgeschehen der „goldenen zwanziger Jahre“

Ein wenig Nationalstolz dürfte zweifellos mitgeschwungen haben, als man am 1. Juni 1927 im Beisein des Herrn Reichspräsidenten von Hindenburg die feierliche Eröffnung des 11 km langen Eisenbahndamms zwischen der nordfriesischen Insel Sylt und dem schleswig-holsteinischen Festland beging. Immerhin hatten Wasser- und Tiefbauingenieure eine nicht nur in Fachkreisen als außergewöhnlich gewertete Leistung erbracht. Mindestens gleichbedeutend mit der Anerkennung des technischen Meisterwerkes schien den Deutschen indessen die langersehnte feste Verbindung ihrer Nordseeinsel mit dem Reich, ohne den seit Abtretung Nordschleswigs erforderlichen mühevollen Umweg über dänisches Territorium (unter Einschluß einer etwa einstündigen Schiffsreise).

Dabei hatte sich die Zusammenarbeit mit den Staatsbahnen des Nachbarlandes Dänemark durchaus positiv entwickelt. Einen sichtbaren Beweis hierfür lieferte nicht zuletzt die in den zwanziger Jahren von beiden Partnern nacheinander vollzogene Angebotsverbesserung auf der seinerzeit besonders wichtigen Fährverbindung über die Ostsee zwischen dem mecklenburgischen Seebad Warnemünde und dem süddänischen Hafen Gedser. Nach Ablösung des nur 19 Jahre alten DSB-Trajektschiffes „Prins Christian“ durch die 2915 BRT große „Danmark“ 1922 war bereits vier Jahre später auf deutscher Seite anstelle der ausmusterungsreifen Radfähre „Friedrich Franz IV“ das erste ölgefeuerte Kolbendampfschiff „Schwerin“ der Deutschen Reichs-

1928 – Ein Schnellzug nach Kopenhagen wird im Hafen von Warnemünde an Bord des neuen Reichsbahn-Fährschiffs „Schwerin“ genommen.
Foto: Sammlung Slezak

bahn-Gesellschaft getreten. Großzügig gestaltete Aufenthaltsräume für 600 Personen und eine erstmals völlig geschlossene Ausführung des aufklappbaren, befahrbaren Vorderstevens kennzeichneten dieses 101,90 m lange, 17,70 m breite, mit 4400 PS Leistung und 161 m nutzbarer Gleislänge ausgestattete elegante Fährschiff, das u. a. die Wagen der internationalen Schnellzüge zwischen Berlin bzw. Hamburg und Kopenhagen über die Ostsee zu befördern hatte und hierbei viele illustre Gäste sah.

Während die Techniker erfolgreich um eine Beschleunigung und Komfortsteigerung des dominierenden Schienenverkehrs bemüht waren, wuchs in der zweiten Hälfte der zwanziger Jahre merklich und unaufhaltsam das Kraftfahrzeug als Konkurrent heran. Die Presse berichtete im Januar 1927 von 23,5 Millionen zugelassenen Pkw auf der Erde, darunter nicht weniger als 19,3 Millionen allein in den USA, 770 000 in Großbritannien, 585 000 in Frankreich und „nur" 218 000 in Deutschland. Derweil gewann Rudolf Carraciola auf dem neuerbauten Nürburgring in der Eifel mit einer Durchschnittsgeschwindigkeit von 96,5 km/h das erste Autorennen.

Es war eine unglaublich schnellebige Zeit; ein Ereignis jagte das andere, besonders augenfällig auf dem Weg zwischen der „alten" und der „neuen" Welt. Nach 33 Stunden und 29 Minuten Alleinflug über den Atlantik landete am 21. Mai 1927 der amerikanische Postflieger Charles A. Lindbergh wohlbehalten in Paris. Knapp ein Jahr später, am 12. und 13. April 1928, gelang mit dem einmotorigen Junkersflugzeug „Bremen" über 6750 km Flugstrecke in gut 35 Stunden die erste Ost-West-Luftüberquerung des Atlantik. Hermann Köhl, Freiherr von Hünefeld und der Ire Gerald Fitz-

Noch bis zum Beginn der dreißiger Jahre wurden die internationalen Züge in Deutschland überwiegend aus D-Zug-Wagen preußischer Bauform gebildet, wie hier der D 12 bei Schwaan in Mecklenburg, geführt von der Einheitslok 03 142. Foto: Carl Bellingrodt

maurice ernteten hierfür unglaublichen Jubel, der sich fortsetzte, als das deutsche Luftschiff LZ 127 „Graf Zeppelin" am 11. Oktober 1928 von Friedrichshafen am Bodensee unter Flugkapitän Hugo Eckener unversehrt das amerikanische Lakehurst erreichte. Hatte Köhl aus privaten Mitteln für sein Vorhaben 80 000 Mark aufgetrieben, so war der Bau dieses „Zeppelins" durch eine Nationalspende in Höhe von 6 Millionen Mark ermöglicht worden.

Zum Wettbewerb zwischen den Nationen trat nun auch die Konkurrenz der Verkehrsmittel untereinander. Von der Südküste Irlands bis zum Feuerschiff New York benötigte der deutsche Luxusdampfer „Europa" nur noch 108 Stunden und sicherte sich damit 1928 das vielbegehrte „Blaue Band". Es war dasselbe Jahr, in dem Alexander Fleming bei Laborarbeiten in London das Penicillin entdeckte und Professor Ferdinand Sauerbruch endgültig einem Ruf von München nach Berlin folgte.

Auch in anderen Bereichen schickte man sich an, die schmerzlichen Folgen des Krieges zu überwinden. Die Außenminister und späteren Friedensnobelpreisträger Gustav Stresemann und Aristide Briand fanden sich in ihrem gemeinsamen Bemühen um Aussöhnung der beiden Nachbarländer zunehmend bestätigt – langsam begann das Vertrauen zwischen den Völkern wieder zu wachsen. Doch für eine Gesamtlösung der deutsch-französischen Beziehungen als Kern der Europapolitik war die Zeit trotz allen redlichen Bemühens wohl noch nicht reif.

Fernab der politischen Geschehnisse entwickelte sich die kulturelle Szene in diesen Jahren auf außergewöhnliche Art und Weise. Vier Millionen Dollar und damit etwa das Zehnfache üblicher Produktionen kostete der bis dahin teuerste Hollywood-Film „Ben Hur", der in Berlin seine europäische Erstaufführung erfuhr. Nur wenig später inszenierte Fritz Lang mit Thea von Harbou „Metropolis", das aufwendigste Spektakel der Ufa: 620 000 verdrehte Meter Film, 36 000 Statisten und 5 Millionen Mark Produktionskosten. Max Reinhardt beging – weltweit geachtet – Ende Oktober 1926 in der Reichshauptstadt sein 25jähriges Bühnenjubiläum. Man verstand und verehrte ihn als „Zauberer, der das Theater aus allzu engem Naturalismus herausführte und den Weg für das Phantastische und Komödiantische freimachte". Im Alter von nur elf Jahren feierte das „Wunderkind" Yehudi Menuhin in den New Yorker Konzertsälen triumphale Erfolge auf seiner Violine, während in Berlin nach Franz Lehárs Operette „Paganini" auch „Der Zarewitsch" mit Kammersänger Richard Tauber in der Hauptrolle seine glanzvolle Uraufführung erlebte. Am 1. November 1927 übernahm Otto Klemperer die Leitung der Krolloper in der Reichshauptstadt. Und Josephine Baker zeigte ihr Temperament beim Tanz.

Als größte „Stars" jener Jahre galten Greta Garbo und Rudolfo Valentino. Der Schlagertitel „Paradise of Love" oder zu Deutsch „Valencia" ging um die Welt – ebenso wie der langsame Walzer „Always", der hierzulande als „Heimweh" Bekanntheit erlangte. Fred Raymond schrieb Mitte der zwanziger Jahre „Ich hab' mein Herz in Heidelberg verloren" und erhielt dafür von seinem Verleger ganze 300 Mark, ehe aus diesem Lied ein beliebtes Singspiel entstand. Bei privaten Festen oder mehr noch auf großen Tanz- und Publikumsveranstaltungen, vereinzelt sogar auf der Straße, sang man damals „Wenn der weiße Flieder wieder blüht" – gewissermaßen zum Ausklang der Charleston-Zeit, in der die Frauen Bubikopf, Stirnbänder mit Federn und taillenlose Kleider trugen. Dabei schrieb die Mode kurze Röcke vor und zeigte „viel Bein". Köln am Rhein aber freute sich am 20. Februar 1928 nach 14 Jahren erstmals wieder über einen Rosenmontagszug.

Zu den bekannten Autoren jener Zeit zählten Bert Brecht, Arthur Schnitzler und Kurt Tucholsky, mindestens gleichbedeutend Stefan Zweig und Carl Zuckmayer, während in der Malerei der französische Impressionist Claude Monet kurz vor seinem Tode mit dem Bild „Der Bahnhof von St. Lazare in Paris" die Bedeutung der Eisenbahn im Leben des Menschen unterstrich.

Im Komfort an der Spitze

Oben: „Rheingold“-Salonwagen 1. Klasse, noch ohne Zugnamen auf den Längswänden.
Foto: Waggonfabrik Wegmann & Co.

Darunter: Gleichfalls 1928 im Kasseler Herstellerwerk: der 2.-Klasse-Wagen 24 505 mit Küche.
Foto: Waggonfabrik Wegmann & Co.

Ferienreisen gewannen in den zwanziger Jahren immer mehr an Popularität. Neben die beliebten „Sommerfrischen“, die man zur Erholung aufsuchte, traten zunehmend die großen europäischen Städte und Kulturzentren als Ziele. Abgesehen von Seereisen, benutzte man über größere Entfernungen fast ausschließlich die Eisenbahn, die höchstmöglichen Komfort versprach und auch tatsächlich bot. Dabei spielten die meist privatrechtlich geführten Schlaf- und Speisewagenunternehmen, allen voran die Internationale Schlafwagen-Gesellschaft (ISG), eine herausragende Rolle. Mit ihren Restaurants und Hotels repräsentierte sie absolute Spitzenklasse. Gleiches galt für ihre fahrenden Dienste. Kein Wunder also, daß man entsprechenden Werbeplakaten in ganz Europa und sogar in Übersee begegnete. Wer kennt sie nicht, die damaligen internationalen Luxuszüge mit so klangvollen Namen wie „Nord-Expreß“, „Oostende-Wien-Expreß“, „Calais-Mediterrannée“ oder „Riviera-Expreß“, allen voran aber den fast legendären „Orient-Expreß“?!

Dr. Fritz Stöckl aus Bad Ischl, ein profunder Kenner all dessen, was sich um die „Großen Europäischen Expreßzüge“ jener Jahre rankt, stellt in seinem publizistischen Gesamtwerk als Leitlinie immer wieder die außergewöhnliche und für den Komfort auf Schienen zugleich richtungweisende Bedeutung der Internationalen Schlafwagen-Gesellschaft heraus, der Mitte der zwanziger Jahre die Schaffung eines ganz neuen Zug-Typs für luxuriöse Tagesreisen in Form des bereits erwähnten „Train de Luxe Pullman“ gelungen war. Auch für den nicht zum Einflußbereich der ISG zählenden „Rheingold“ muß diese Pionierleistung der europäischen Gesellschaft vorbehaltlos anerkannt werden.

Verständlicherweise weckten die repräsentativen Wagen dieses Zuges Aufmerksamkeit und Interesse. Im Gegensatz zu den „internationalen“ Pullman-Fahrzeugen standen sie im Eigentum der Deutschen Reichsbahn-Gesellschaft, und die Mitropa stellte das Personal. Am Bau hatte sich – nach einem einheitlichen, von der Reichsbahn entworfenen Grundriß – die „Crème“ der deutschen Waggonbauindustrie beteiligt:

Waggon- und Maschinenfabrik AG, Görlitz,

Waggonfabrik Wegmann & Co., Kassel,

Eisenbahnwagen- und Maschinenfabrik van der Zypen & Charlier GmbH, Köln-Deutz,

„Küchenwagen“ 24 507, gebaut bei Westwaggon, vormals van der Zypen & Charlier, Köln-Deutz. Foto: Westwaggon

1,20 m breit waren die Fenster in der 2. Wagenklasse. Der in seinem damaligen Heimatbahnhof Köln Bbf aufgenommene SB 4 ü 10 708 (ex 24 508) existiert noch heute.
Foto: Carl Bellingrodt

Der erste von insgesamt 10 Salonwagen 2. Klasse mit Küche: 24 501, später 10 701, um 1931. Foto: Carl Bellingrodt

Gebr. Credé & Co., Eisenbahnwagenfabrik, Niederzwehren (Kassel), und

Linke-Hofmann-Lauchhammer AG, Abt. Wagenbau, Breslau.

Mit 23,50 m LüP stellten sie – neben den Anfang 1928 neu in Dienst gestellten bordeauxroten Schlaf- und Speisewagen der Mitropa – die seinerzeit längsten deutschen Wagen dar. Ihre Aufbauten entsprachen der neu aufgekommenen und sich gut bewährenden Ganzstahlkonstruktion. Das Gesamtgewicht lag zwischen 50 und 57,2 t, also 8 bis 12 t über dem normaler Schnellzugwagen. Die Drehgestelle (Görlitz II schwer, 3,60 m Achsstand, 5,25 m Gesamtlänge) wurden eigens für die „Rheingold“-Wagen konstruiert und bei hohen Zuggeschwindigkeiten geprüft.

Zusammen mit sechs 1929 nachgelieferten SB 4 ü bzw. SB 4 üK sind insgesamt 26 „Rheingold“-Salonwagen gebaut worden, die sich auf folgende Gattungen verteilten:

4 Wagen 1. Klasse, SA 4 ü, mit 28 Sitzplätzen,

4 Wagen 1. Klasse, SA 4 üK, mit Küche und 20 Sitzplätzen,

8 Wagen 2. Klasse, SB 4 ü, mit 43 Sitzplätzen,

10 Wagen 2. Klasse, SB 4 üK, mit Küche und 29 Sitzplätzen.

Außerdem gab es noch drei Packwagen SPw 4 ü-28 mit 19,68 m LüP und Einrichtungen für Zollverschluß und Hundetransport (vgl. hierzu Tabelle 1, Seite 27).

In ihrer Gesamtwirkung hoben sich die „Rheingold"-Wagen durch mehrfarbigen Anstrich und außergewöhnliche Beschriftung hervor. Drehgestelle und Rahmen waren schwarz, die Seitenwände bis zu den Fensterbrüstungen violett, die Fensterzwischenräume crèmefarbig, die Leisten über den Fensterreihen wiederum violett und die Dächer hell-silbergrau gehalten. Die Packwagen waren an den Seitenwänden durchgehend violett gestrichen. Ebenso entfiel bei allen Stirnseiten der Salonwagen die Crème-Tönung zugunsten eines Violett-Anstrichs. Die 1.- und 2.-Klasse-Wagen trugen oberhalb der Fensterreihen in erhabenen Buchstaben die Aufschriften „MITROPA" (zweimal) und „DEUTSCHE REICHSBAHN" sowie unterhalb der Fenster das Reichsbahnsignum und nahe den Einstiegstüren die Klassenangaben. Wenig später kam auf jeder Wagenlängswand zweimal der Zugnamen „RHEINGOLD" hinzu. Bei den Packwagen wurde auf die Aufschriften „MITROPA" und „RHEINGOLD" verzichtet. Dasselbe galt für die Aufsatzleisten unter den Fenstern, die bei den Salonwagen (wie die übrige „Beschriftung") vergoldet worden waren.

Unter der Vielzahl anerkennender, nicht selten geradezu bewundernder Pressestimmen über den neuen Luxus auf Schienen spiegelt eine Schweizer Veröffentlichung im Frühjahr 1928 die Auffassung der Reisenden jener Tage wie auch die der offiziellen Stellen in wenigen Sätzen recht anschaulich wider: „Die architektonische Ausstattung der Innenräume ist von erlesenem Geschmack und höchster Bequemlichkeit, der Rheingold-Expreß selbst eine glänzende Leistung der Deutschen Reichsbahn-Gesellschaft und eine höchst erfreuliche Neuerung für den schweizerischen Fremdenverkehr."

In der Tat gehörte der „Rheingold" zu den komfortabelsten und angenehmsten Zügen des europäischen Festlandes. Eine führende englische Zeitschrift nannte ihn ein „Muster an Bequemlichkeit und Schnelligkeit". Im gleichen Atemzug erhielt seine Einrichtung das Prädikat „ausgezeichnet". Sicher nicht zu unrecht; denn die Innen-

Eleganz auf Schienen: FFD 102 „Rheingold" mit Lok 18 498 bei Köln-Gereon.
Foto: Carl Bellingrodt

1,40 m breite Fenster, lose Fauteuils mit hohen Rückenlehnen zu beiden Seiten des geräumigen Mittelgangs, wertvolle Teppiche, Tische aus Edelhölzern und stilgerechte Tischlampen kennzeichneten die 1. Wagenklasse im „Rheingold".
Foto: Westwaggon

Hier stand jedem Reisenden ein Fensterplatz zur Verfügung. Die Sessel ließen sich beliebig verschieben. Und fast jeder Wagen zeigte ein anderes „Design". Das im Bild dargestellte Großraumabteil war in schweren, dunklen Farbtönen gehalten.
Foto: Waggonfabrik Wegmann & Co.

Auch die architektonische Ausstattung der 2. Klasse ist nach verschiedenen Entwürfen namhafter deutscher Künstler und Architekten ausgeführt worden. Hier der Blick in das Innere eines Saalraumes mit bequemen Polstersesseln und -bänken. Foto: Westwaggon

Etwa jeder zweite „Rheingold"-Wagen enthielt eine Küche, von der aus den Reisenden ein reichhaltiges Angebot an Speisen und Getränken unmittelbar am Platz serviert wurde. Den Service besorgten Mitropa-Kellner. Foto: Verkehrsmuseum Nürnberg

räume waren nach verschiedenen Entwürfen namhafter deutscher Künstler und Architekten ausgeführt worden. Dabei zeigten sich unverkennbar auch Einflüsse der künstlerisch-avantgardistischen „Hochschule für Bau und Gestaltung", die Anfang Dezember 1926 in Dessau ihre Pforten geöffnet hatte, verbunden mit Namen wie Walter Gropius, Mies van der Rohe, Wassily Kandinski, Paul Klee und vielen anderen.

Um den unterschiedlichen Wünschen der Reisenden entgegenzukommen, waren in den neu geschaffenen „Rheingold"-Wagen der 1. Klasse größere Saalräume sowie kleinere Abteile zu 4 und 2 Plätzen, getrennt für Raucher und Nichtraucher, vorgesehen. Die Sitzplätze der 1. Klasse bestanden aus besonders ansprechenden Einzel-Polstersesseln mit hohen Rückenlehnen, welche sich nach Belieben verschieben ließen. Jeweils zwei Sessel schlossen einen Tisch ein. Damit stand jedem Reisenden ein Fensterplatz zur Verfügung. 1,40 m breite Scheiben ermöglichten von allen Plätzen aus einen freien Ausblick. Auf einen geräumigen Mittelgang zwischen den Tischreihen war übrigens besonderer Wert gelegt worden. In dem vierplätzigen Abteil eines jeden 1.-Klasse-Wagens fand die gleiche Sesselart wie in den Großräumen Verwendung.

Die mit 1,20 m breiten Fenstern ausgerüsteten Wagen 2. Klasse enthielten je zwei Saalräume; die Sitzplätze bestanden hier aus fest eingebauten bequemen Polstersesseln mit hoher Rückenlehne, die an der einen Wagenlängswand zu je vier Plätzen an einem Fenstertisch und an der gegenüberliegenden Seite zu je zwei Plätzen, ebenfalls an einem Tisch, angeordnet waren. Es ist noch zu erwähnen, daß jeder Tisch in der 1. wie in der 2. Klasse eine individuell zu betätigende Stehlampe hatte, was den Wageninnenräumen einen anheimelnden Charakter verlieh. Die Formen der Sessel und der Beleuchtungskörper, die Farben der Wandverkleidung, die Stoffbezüge der Sessel und selbst die Teppiche, alles war in den einzelnen Wagen verschieden. So trug der „Rheingold"-Expreß vielen Geschmacksrichtungen Rechnung.

Sämtliche Wagen hatten einen besonderen Raum zur Unterbringung des Handgepäcks und platzraubender Kleidungsstücke. Für kleinere Gegenstände stand darüber hinaus jedem Reisenden an seinem Sitz ein Gepäcknetz zur Verfügung, und in jedem Wagen befand sich ein Mann Bedienungspersonal. Zu der luxuriösen Ausstattung gehörte schließlich noch eine Zugtelefonanlage. Doch war der „Rheingold" keineswegs der erste, über Funk mit dem Telefonnetz verbundene deutsche Reisezug. Vielmehr hatte die Deutsche Reichsbahn-Gesellschaft, nach Versuchen zwischen der Reichshauptstadt und Hamburg, das Zugtelefon bereits 1926 auf der Nord-Süd-Strecke Berlin–Halle–München eingeführt.

Nahezu zeitgleich mit der Betriebsaufnahme der Zugtelefonie im „Rheingold" wurde auch der drahtlose Fernsprechverkehr Deutschlands mit Argentinien aufge-

Ein eleganter Zug: Lok 18 503 mit FFD 101 „Rheingold" bei Leverkusen.
Foto: Carl Bellingrodt

FFD 101 „Rheingold“ nach Überqueren der Hohenzollernbrücke in Köln-Deutz. Blick vom 85 m hohen „Pressa-Turm“, dem Wahrzeichen der 1928 in der Domstadt abgehaltenen internationalen Presse-Ausstellung.
Foto: Carl Bellingrodt

Ausfahrt aus Mannheim Hbf. Hinter der ehemals badischen IVh ist ein Packwagen preußischer Bauart eingereiht.
Foto: Bundesbahndirektion Karlsruhe

nommen. Den äußeren Anlaß hierzu bot die von Mai bis Oktober 1928 in Köln stattfindende „Pressa“, eine publizistische Weltschau mit Beteiligung fast aller europäischen Staaten, Lateinamerikas, Chinas und Japans. Sie spannte „einen Bogen von der kulturhistorischen Seite des Pressewesens bis hin zu den modernsten Herstellungstechniken“.

Doch zurück zu unserem Expreß: Im Interesse einer rationellen Bewirtschaftung des „Rheingold“ achtete man darauf, daß je zwei Wagen der gleichen Klasse aus einer Küche bedient wurden. Die Wagenreihung hinter dem Packwagen lautete also in der Regel: Salonwagen 1. Klasse mit Küche und Salonwagen 1. Klasse ohne Küche bzw. 2. Klasse mit und 2. Klasse ohne Küche; in der Eisenbahner-Fachsprache hieß dies: SA 4 üK + SA 4 ü bzw. SB 4 üK + SB 4 ü.

Interessant sind in diesem Zusammenhang auch die persönlichen Erinnerungen eines heute renommierten Schwarzwälder Hoteliers, die uns Aufschluß über die damalige personelle Ausstattung des „Rheingold“ durch die Mitropa geben:

2.-Klasse-„Rheingold"-Wagen im Bf. Hoek van Holland Haven. Im Hintergrund ist das Anschluß-Dampfschiff nach Harwich zu erkennen.
Foto: Niederländische Eisenbahnen

„Ich bin 1928 bei den Vorbereitungen für den Rheingold-Expreß in Amsterdam dabei gewesen", schreibt Hans Diegner aus Königsfeld. „Seinerzeit wurde ich von Berlin dorthin versetzt und habe als junger Kellner die Jungfernreise am 15. Mai 1928 mitgemacht. Danach bin ich noch längere Zeit auf diesem Zug gefahren. Wir waren damals vier Brigaden, d. h. 4 Küchenchefs, 4 Oberkellner, ein Geschäftsführer – im ganzen 26 bis 28 Mann Personal." Wahrlich ein Grand Hotel auf Schienen!

Tabelle 1: Merkmale der Vorkriegs-„Rheingold"-Wagen

Wagennummer bei Lieferung	Typen-bezeichnung	Länge über Puffer	Sitzplätze	Erbauer	Lieferjahr	Wagennummer ab 1931	Besonderheiten
20501	SA 4 üK-28	23,50 m	20	Linke-Hofmann, Breslau	1928	10501	Zur Hundertjahrfeier 1935 in Nürnberg vorgeführt
20502	SA 4 ü -28	23,50 m	28	Linke-Hofmann, Breslau	1928	10502	
20503	SA 4 üK-28	23,50 m	20	Linke-Hofmann, Breslau	1928	10503	Umbau der Wagendecke für 1939/40 geplant, aber nicht ausgeführt
20504	SA 4 ü -28	23,50 m	28	Linke-Hofmann, Breslau	1928	10504	Umbau der Wagendecke für 1939/40 geplant, aber nicht ausgeführt
20505	SA 4 üK-28	23,50 m	20	Wegmann, Kassel	1928	10505	
20506	SA 4 ü -28	23,50 m	28	Wegmann, Kassel	1928	10506	
20507	SA 4 üK-28	23,50 m	20	Westwaggon, Köln-Deutz	1928	10507	
20508	SA 4 ü -28	23,50 m	28	Westwaggon, Köln-Deutz	1928	10508	Zur Hundertjahrfeier 1935 in Nürnberg vorgeführt
24501	SB 4 üK-28	23,50 m	29	Linke-Hofmann, Breslau	1928	10701	Umbau der Wagendecke für 1939/40 geplant, aber nicht ausgeführt
24502	SB 4 ü -28	23,50 m	43	Linke-Hofmann, Breslau	1928	10702	Zur Hundertjahrfeier 1935 in Nürnberg vorgeführt. Umbau der Wagendecke für 1939/40 geplant, aber nicht ausgeführt. Ende 1939 bis Mitte 1941 Aufenthaltsfahrzeug im Befehlszug „Äquator"der Luftflotte 3.
24503	SB 4 üK-28	23,50 m	29	Wegmann, Kassel	1928	10703	
24504	SB 4 ü -28	23,50 m	43	Wegmann, Kassel	1928	10704	1934 zum SAB 4 ü-28/34 mit kleiner Küche umgebaut
24505	SB 4 üK-28	23,50 m	29	Wegmann, Kassel	1928	10705	
24506	SB 4 ü -28	23,50 m	43	Wegmann, Kassel	1928	10706	1934 zum SAB 4 ü-28/34 mit kleiner Küche umgebaut
24507	SB 4 üK-28	23,50 m	29	Westwaggon, Köln-Deutz	1928	10707	
24508	SB 4 ü -28	23,50 m	43	Westwaggon, Köln-Deutz	1928	10708	
24509	SB 4 üK-28	23,50 m	29	Westwaggon, Köln-Deutz	1928	10709	
24510	SB 4 ü -28	23,50 m	43	Westwaggon, Köln-Deutz	1928	10710	1934 zum SAB 4 ü-28/34 mit kleiner Küche umgebaut
24511	SB 4 üK-28	23,50 m	29	O & K für Credé, Kassel	1928	10711	1939 zum SAB 4 ü-28/39 mit kleiner Küche umgebaut (verbesserte Bestuhlung, Beleuchtung sowie Be- und Entlüftung); Musterfahrzeug für weitere (nicht ausgeführte) Umbauten
24512	SB 4 ü -28	23,50 m	43	O & K für Credé, Kassel	1928	10712	
24513	SB 4 üK-29	23,50 m	29	Linke-Hofmann, Breslau	1929	10713	
24514	SB 4 ü -29	23,50 m	43	O & K für Credé, Kassel	1929	10714	
24515	SB 4 üK-29	23,50 m	29	Linke-Hofmann, Breslau	1929	10715	
24516	SB 4 ü -29	23,50 m	43	O & K für Credé, Kassel	1929	10716	
24517	SB 4 üK-29	23,50 m	29	Wegmann, Kassel	1929	10717	
24519	SB 4 üK-29	23,50 m	29	Wegmann, Kassel	1929	10719	Ende 1939 bis Anfang 1943 im Sonderzug „Atlas" des Oberkommandos der Wehrmacht (Keitel)
90201	SPw 4 ü -28	19,68 m	–	Wumag, Görlitz	1928	105001	
90202	SPw 4 ü -28	19,68 m	–	Wumag, Görlitz	1928	105002	
90203	SPw 4 ü -28	19,68 m	–	Wumag, Görlitz	1928	105003	Zur Hundertjahrfeier 1935 in Nürnberg vorgeführt

„Rheingold“ – ein klangvoller Name

Nicht nur bei Eisenbahnnarren wecken namenführende Züge auch heute noch etwas von jener Faszination, die von so berühmten Expreßzügen ausging, wie dem fast legendären „Orient-Expreß“, dem weit jüngeren Pullman-Zug „Golden Arrow/Flèche d'Or“, der beiderseits des Kanals jahrzehntelang die Metropolen Englands und Frankreichs miteinander verband, oder dem zwischen Paris und der Côte d'Azur auf einer geruhsamen Nachtfahrt verkehrenden Schlafwagenzug „Train Bleu“, um nur einige zu nennen. Und gerade das ist wohl von den Bahnen beabsichtigt, die ihren Spitzenverbindungen in den letzten Jahrzehnten wieder klangvolle Namen geben. Ein bißchen Fernweh soll sich wohl mischen mit Erlebniserwartung, ja mit dem Wunsch und Verlangen, in eben diesen Zug einzusteigen.

Unten: Auf der Fahrt von Hoek van Holland nach Basel: FFD 102 vor Köln-Mülheim. Foto: Carl Bellingrodt

Darunter: Schnittig, elegant, komfortabel – die drei dominierenden Attribute des „Spitzenreiters“ der Deutschen Reichsbahn-Gesellschaft und der Mitropa. Foto: Carl Bellingrodt

Engländer und Franzosen, vor allem aber die Internationale Schlafwagen-Gesellschaft, verstanden sich schon immer meisterhaft auf treffende und fesselnde Namen für ihre besten Verbindungen. Keineswegs verwunderlich war es daher, daß sich auch die Deutsche Reichsbahn-Gesellschaft bereits in den zwanziger Jahren auf Namenssuche begab. Mit ihrer Unterstützung veranstaltete beispielsweise die „Berliner Illustrirte Zeitung“ im Sommer 1927 ein Preisausschreiben, um volkstümliche, einprägsame Namen für acht der bedeutendsten Fernschnellzüge zu finden. Doch die Prüfung der 45 601 Einsendungen hatte nicht die erhoffte Ersatzbezeichnung für „Expreß“ gebracht. Viele witzige Vorschläge soll es gegeben haben, darunter für den FD-Zug Niederlande–Basel „Die rasende Milchkuh“, für die schnellste Verbindung zwischen den Niederlanden und der Reichshauptstadt Berlin „Fliegender Holländer“. Fast überflüssig zu sagen, daß es eine „Rasende Milchkuh“ nie gegeben hat. Der Begriff des „Fliegenden“ begegnet uns allerdings Anfang der dreißiger Jahre in anderem Zusammenhang wieder, und zwar in Form des Schnelltriebwagens „Fliegender Hamburger“ als sehr rascher Tagesverbindung zwischen Elbe und Spree.

Wie es zur Namensgebung „Rheingold“ kam, läßt sich heute nicht mehr genau nachweisen. Doch könnte man sich für diesen Spitzenzug entlang dem großen europäischen Strom kaum einen beziehungsreicheren Namen vorstellen als den der bekannten Sage vom geheimnisvollen, irgendwo im Rhein versunkenen Nibelungenschatz. Die Forderung nach Einprägsamkeit erfüllte dieser Name unzweifelhaft, doch volkstümlich – wie ihn das Preisausschreiben für „große" Züge forderte – war er wohl kaum.

Natürlich zeigten sich Reichsbahn und Mitropa darauf bedacht, die Öffentlichkeit gebührend mit ihrem neuen Luxuszug bekanntzumachen. Bis in die Vereinigten Staaten reichte dabei das Echo: Die angesehene New Yorker Fachzeitschrift „Railway Age" widmete beispielsweise dem Ereignis einen mit acht Abbildungen und einer Kartenskizze ausgestatteten Beitrag, der recht deutlich auf starkes Interesse auch jenseits des Atlantik schließen ließ. Verständlicherweise konzentrierten sich die Bemühungen jedoch auf das Inland und die europäischen Nachbarstaaten. Zu diesem Zweck lud man einen ausgewählten Kreis von Fachjournalisten wenige Tage vor der offiziellen Indienststellung zu einer Reise im „Rheingold" ein. Unter ihnen befand sich damals Kurt Hill aus Angermund, der auch an der „Wiedersehensfahrt" im Jahre 1970 teilnahm. Ihm verdanken wir die folgende Erlebnisschilderung:

Unter den vielen Erlebnissen, die ein Journalist im Laufe seines Lebens zu verzeichnen hat und die ihn nachhaltig über die Tages-

Fürwahr ein Zeitdokument: So reiste man anno 1929. Foto: Sammlung Bündgen

In der weiten Kurve vor Namedy: sechs Salon- und zwei Packwagen, geführt von einer „Maffei-Maschine" – das war der „Rheingold"! Ein immer wieder faszinierendes Bild.
Foto: Verkehrsmuseum Nürnberg

In Boppard berührte der Zug die steil ansteigende Hunsrückbahn (rechts im Bild). Foto: Carl Bellingrodt

berichterstattung hinaus beeindrucken, steht für mich die erste Fahrt mit dem „Rheingold" im Vorderung der Erinnerung. Es lag auch wohl daran, daß damals noch nicht alle Neuerungen auf dem Gebiete des Verkehrswesens mit der Selbstverständlichkeit hingenommen wurden, wie später etwa der Jumbo über den Atlantik. Der „Rheingold" des Jahres 1928 erschien uns als das Nonplusultra des Schienenverkehrs. Wir saßen in „Salonwagen", wie vorher nur gekrönte Häupter. Das Plüschzeitalter, in anderen D-Zügen noch bei der 1. und 2. Klasse erkennbar, war verlassen. Schon die Ausstattung imponierte; aber das Erstaunlichste waren die Platzverhältnisse. Keine engen Gänge oder Abteile, sondern viel Raum und Bewegungsfreiheit, ohne das übliche Gedränge und das immer wieder zu hörende Gemurmel der Entschuldigung beim Aufsuchen des Sitzes oder Verstauen des Gepäcks. Es gab ein neues Gefühl des Fahrens und Reisens, und eine Ahnung von der kommenden Entwicklung im internationalen Reiseverkehr. Sicherlich hat auch das damals schöne Maiwetter zu unserer Begeisterung beigetragen. Ich erinnere mich – und die Erinnerung wurde wieder sehr lebendig bei der Wiedersehensfahrt im Jahre 1970 – des schönen Bildes, wie der dampfende Zug am 15. Mai 1928 den Bopparder Hamm mit seinen Weinbergen und den blühenden Obstbäumen am gegenüberliegenden Ufer des Rheins entlang fuhr. Ich stand im letzten Wagen aus dem Fenster gebeugt, um den ganzen Zug bis zur Lokomotive beobachten zu können. Es war ein schöner Anblick, der auch den Kapitän eines der heute ebenfalls ausgestorbenen Räderboote so beeindruckte, daß er die Dampfpfeife betätigte. Überhaupt standen überall am Bahnkörper, auf den Stationen und in den Straßen freudig winkende Menschen. Schnell sahen die Rheinländer diesen Zug als den „ihren" an, nach dem sie die Uhr stellten. „In fönf Minute kommt de Rheinjold, dann mache mer Pause", hörte ich später einen Bauern bei der Feldbestellung sagen.

In 24 Stunden von London nach Luzern

Am 15. Mai 1928 befuhr der „Rheingold"-Expreß erstmals planmäßig die Strecke Hoek van Holland–Basel SBB. In den Fahrplänen wurde er als FFD 101/102 für jedermann besonders augenfällig als Luxuszug mit hoher Reisegeschwindigkeit gekennzeichnet. Immerhin lag seine Fahrzeit 2½ Stunden unter der bislang kürzesten und schnellsten Verbindung. Zusätzlich zu dem Stamm (London–) Hoek van Holland–Zevenaar–Duisburg–Köln–Mainz–Mannheim–Karlsruhe–Basel gab es einen Flügelzug von bzw. nach Amsterdam, der in Utrecht mit dem Hauptzug vereinigt bzw. in der Gegenrichtung dort wieder getrennt wurde.

Der „Rheingold" verkehrte ganzjährig; während der Hauptreisesaison in den Sommermonaten Juli bis September 1928 führten ihn die Schweizerischen Bundesbahnen über Basel hinaus bis Luzern, während zur übrigen Zeit gute Anschlüsse bestanden. Desgleichen gab es von London her via Harwich unmittelbaren Übergang in Hoek van Holland. Eine Reisezeit von nur 24 Stunden für die 1182,7 km lange Distanz London–Luzern muß unter damaligen Verhältnissen als einmalig gewertet werden. Ebenso waren rund 11½ Stunden für Hoek van Holland–Basel (818,9 km) und 13 Stunden für Luzern (913,9 km) absolute Spitzenleistungen!

Daß alle wichtigen Großstädte im Einzugsbereich dieser komfortabelsten Verbindung Großbritannien–Niederlande–Deutschland–Schweiz mit günstigen Übergangsmöglichkeiten ausgestattet wurden, trug den Zügen rasch hohe Publikumsgunst ein. Bern, Genf, Zürich, München, Ulm, Stuttgart, Baden-Baden und Frankfurt fanden z. B. auf diese Weise Anschluß an den „Rheingold", der in den ersten Jahren die landschaftlich

Im Land der Kanäle und Grachten besorgten von 1928 bis 1939 Dampflokomotiven der Serie 3900 (Achsfolge 2'C) die Förderung des deutschen Luxuszuges.
Foto: Niederländische Eisenbahnen

DER FAHRPLAN DES „RHEINGOLD“
LONDON — AMSTERDAM — BASEL — LUZERN

Hinfahrt						Rückfahrt				
	An	Ab	Aufenthalt	km von London	Station	km von Amsterdam	Aufenthalt	An	Ab	
WSZ		20^{30}	—	0,0	London Liv. St.	—	—	8^{38}	—	WSZ
„		22^{15}		69	Harwich	—	—	—	6^{55}	„
ASZ	6^{00}	6^{50}	50	268,8	Hoek v. Holland	—	83	22^{31}	23^{45}	ASZ
	7^{16}	7^{25}	9	296,3	Rotterdam D. P.	—	5	21^{56}	22^{06}	
	8^{25}		—	348,6	Utrecht	—	10		21^{03}	
		7^{35}	—	—	Amsterdam C. S.	0,0	—	21^{44}	—	
	8^{21}		12	—	Utrecht	40,1	4		20^{56}	
		8^{33}	8	348,6	Utrecht	40,1	—	20^{53}	—	
	9^{21}	9^{23}	1	405,6	Arnheim	97,1	3	20^{06}	20^{09}	
ASZ	9^{37}	9^{42}	5	419,6	Zevenaar } Paß und Zoll im Zuge	111,1	35	19^{26}	19^{31}	ASZ
MEZ	10^{32}	10^{33}	1	504,9	Duisburg } Paß und Zoll im Zuge	196,4	1	17^{56}	17^{57}	MEZ
	10^{52}	10^{54}	2	528,5	Düsseldorf	220,0	2	17^{35}	17^{37}	
	11^{28}	11^{34}	6	568,4	Köln	260,0	6	16^{56}	17^{02}	
	14^{00}	14^{01}	1	751,4	Mainz¹)	443,0	1	14^{28}	14^{29}	
	15^{00}	15^{06}	6	827,7	Mannheim	519,2	6	13^{19}	13^{25}	
	15^{50}	15^{54}	4	888,4	Karlsruhe²)	579,9	3	12^{27}	12^{30}	
	16^{18}	16^{20}	2	919,3	Baden-Baden West	610,8	2	12^{01}	12^{03}	
	17^{40}	17^{41}	1	1022,2	Freiburg	713,7	2	10^{42}	10^{44}	
	18^{32}	18^{41}	9	1083,2	Basel Bad. Bahnhof } Paß u. Zoll im Zuge	774,4	20	9^{33}	9^{53}	
	18^{48}	18^{57}	9	1087,7	Basel S. B. B. } Paß u. Zoll im Zuge	779,2	13	9^{12}	9^{25}	
	20^{23}		—	1182,7	Luzern	874,2	—	—	7^{50}	

Während der Zeit, da der „Rheingold“-Zug nur bis und von Basel verkehrt — also vom 11. September bis 29 Juni — ist in Basel S. B. B. für einen guten Anschluß nach Luzern gesorgt, und zwar ab Basel S.B.B. 19.03 Uhr, an Luzern 20.37 Uhr (an Bern 21.03 Uhr); ab Luzern 7.25 Uhr (ab Bern 7.00 Uhr), an Basel S.B.B. 9.00 Uhr.

Der „Rheingold“-Zug erhält außerdem einen Anschluß nach Genf: Basel S.B.B. ab 19.45 Uhr, an Genf 0,04 Uhr, und von Zürich: ab Zürich 7.05 Uhr, an Basel S. B. B. 8.28 Uhr.

¹) Von Mainz, wo der „Rheingold“-Zug von Holland um 14.00 Uhr eintrifft, besteht Anschluß nach kfurt a. M. (an 15.24) und in umgekehrter Richtung von Frankfurt a. M. (ab 13.39).

²) Von Karlsruhe, an 15.50 Uhr, besteht 16.02 Uhr Anschluß durch D 31 nach Stuttgart, an 17.37 Uhr, und über Ulm nach München, an 21.30 Uhr.

In 24 Stunden von London nach Luzern!

Die NS-Lok 3901 im Olympiajahr 1936 mit einem 10-Wagen-Zug in voller Fahrt zwischen Utrecht und Arnheim.
Foto: Niederländische Eisenbahnen

reizvolle, wegen zahlreicher Kurven betrieblich schwierige Strecke Köln–Mainz (183,0 km) noch ohne Halt in 2 Stunden 26 Minuten bzw. umgekehrt in 2 Stunden 27 Minuten durchfuhr. Im Sommer 1936 benötigte er sogar nur noch 2 Stunden 6 Minuten von Köln nach Mainz und ganze 9 Minuten mehr in der Gegenrichtung.

Mit dem „Rheingold" gefahren zu sein, gehörte zu den schönsten Erlebnissen einer Reise in den späten zwanziger Jahren. Dies nachzuempfinden, helfen Erlebnisschilderungen aus jenen Tagen, die im Nürnberger Verkehrsarchiv des Deutschen Verkehrsmuseums aufbewahrt werden:

Sehr früh am Morgen legt das Fährboot, von Harwich kommend, in Hoek van Holland an. Ein wenig fröstelnd und übernächtigt mag man den Kabinen entsteigen und den steinernen Landungssteg betreten; dann steht man in der großen Halle neben seinem Gepäck, der Fragen der Zollbeamten gewärtig. Hat man schließlich Gänge und Sperren durchschritten, glitzert wie ein Wunder der Zug im ersten Sonnenlicht. Dunkel und schlank wie eine schöne Schlange ruht er auf dem Gleis; in sattem Violett und gedecktem Elfenbein strahlen die Wagen, höher und

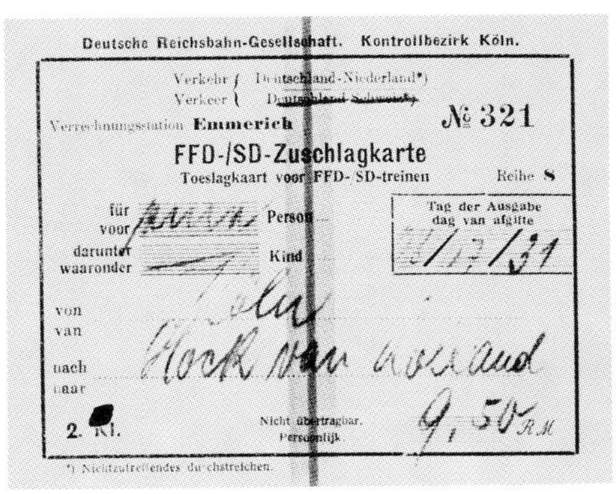

Deutsche Reichsbahn-Gesellschaft. Kontrollbezirk Köln.

Verkehr / Verkeer: Deutschland-Niederland*) ~~Deutschland-Schweiz~~

Verrechnungsstation Emmerich

№ 321

FFD-/SD-Zuschlagkarte

Toeslagkaart voor FFD-SD-treinen

Reihe 8

für / voor: Person

darunter / waaronder: Kind

Tag der Ausgabe / dag van afgifte

von / van: Köln

nach / naar: Hoek van Holland

2. Kl.

Nicht übertragbar. Persoonlijk.

9,50 RM

*) Nichtzutreffendes durchstreichen.

Links unten: 9,50 RM kostete 1931 der FFD-Zuschlag von Köln nach Hoek van Holland. Foto: Sammlung Stuart

Unten: Während der Teestunde im „Rheingold".
Foto: Verkehrsmuseum Nürnberg

Köln am Rhein – Blick vom Dom auf die Hohenzollernbrücke. Im Betriebsbahnhof dieser Stadt war der „Rheingold" beheimatet. Foto: Sammlung Ernst

Wertvolle Originale aus der Sammlung Charles R. G. Stuarts: Zuschlag- und Platzkarten aus der Zeit zwischen 1928 und 1939.

heller leuchten die Fenster als sonst an einem Zug.

Männer mit Mützen stehen davor, mit hilfsbereiten Armen; und diese Abfahrt ist eher wie eine Ankunft in irgendeinem ersehnten Heim: die Stufen steigt man hinauf und steht in einem Vorraum, als betrete man eine Gaststätte erlesenen Geschmacks; da ist wieder ein Mann, der kleine Koffer, Schirme und Stöcke entgegennimmt, sie in einem besonderen Gepäckraum unterbringt, seine Gäste jeder Sorge um Aufsicht und Unterbringung enthebend. Überrascht und beruhigt zugleich schreitet man fort, und findet sich plötzlich in einem Saal mit hochgewölbter Decke, in dem bequeme Klubsessel vor breiten Tischen zum Ruhen einladen.

Festlich ist dieser Raum und doch behaglich wie ein Zimmer zum Wohnen; und von Licht durchströmt ist dieses Zimmer, als wären seine Wände aus Glas. Und das Geräusch jeden Schritts ist gedämpft von weichen Teppichen und weiße Spitzendecken leuchten von den Lehnen der Sessel, als walte in diesen Räumen die zärtlich besorgte Hand einer Hausfrau.

Wie im Bilderbuch erlebt der Reisende die Landschaft: nach Passieren der niederländisch/deutschen Grenze zunächst die weiten Ebenen des Niederrheins, ehe die ersten Schlote der Schwerindustrie das Bild für kurze Zeit schlagartig verändern. Dann das geschäftige, modebewußte Düsseldorf und die rheinische Metropole Köln mit ihrem alles überragenden gotischen Dom, Beethovens Geburtsstadt Bonn mit den bewegten Kuppen des Siebengebirges dahinter, vorbei an den rebenbestandenen Bergen nach Koblenz am Zusammenfluß von Rhein und Mosel, auf den die alte Festung Ehrenbreitstein herabgrüßt.

Weltbekannte Weinstädtchen folgen nun im romantischsten Abschnitt des Rheintals: Boppard, St. Goar und Bacharach, nicht zu vergessen der berühmte Loreleyfelsen, die „Pfalz“ im Strom bei Kaub, Bingen und auf dem gegenüberliegenden Ufer Rüdesheim – alles vom Zugfenster aus. Nach dem „goldenen Mainz“ hält der Expreß dann in der

Bekannte Rheinorte, wie hier das Städtchen Andernach, wurden durchfahren.
Foto: Carl Bellingrodt

Von der Mitropa betreut: Blick in ein Küchenabteil des Salonwagenzuges.
Foto: Verkehrsmuseum Nürnberg

Mainz Hauptbahnhof in der sommerlichen Reisezeit 1929: Die „hochbeinige“ 18 447 vor dem aus acht Wagen bestehenden FFD 102.
Foto: Sammlung Tauber

Ausfahrt aus Mainz Hbf, Gleis 5, in Richtung Basel.
Foto: Sammlung Reichardt

ehemals kurpfälzischen Residenzstadt Mannheim. Für Schwetzingen, bekannt wegen seines Spargels und des schönsten deutschen Schloßparks, bleibt nur ein kurzer Blick. Und hinter der Fächerstadt Karlsruhe das Weltbad Baden-Baden, die Schwarzwaldberge und ihre „Hauptstadt" Freiburg im Breisgau, ehe das Land der Eidgenossen mit den Alpen am Horizont erreicht wird.

Das einzigartige Erlebnis einer Reise mit dem „Rheingold" faßte der Eisenbahnautor Ralf Roman Rossberg einmal so zusammen: „Anmut und Romantik der durchfahrenen Landschaft, die Zeugnisse der jahrtausendealten Geschichte des Reisewegs, lassen sich hier in vollendeter Bequemlichkeit genießen." Wo sonst als in den Salonspeisewagen gab es für jeden Passagier selbst bei Vollbesetzung über 2 qm Raum in der 1. und mehr als 1,5 qm in der 2. Wagenklasse?! In welchem anderen 1.-Klasse-Wagen hätte er 1,40 m breite (!) Panoramafenster angetroffen, von der komfortablen Innenausstattung mit beweglichen Fauteuils, hohen Rückenlehnen und bequemen Armstützen ganz zu schweigen?!

Begegnung mit der 18 527 vor dem FD 101 bei Nauheim/Gerau, etwa 1937. Nicht ganz „stilecht" ist der badische Packwagen hinter der Lokomotive.
Foto: Carl Bellingrodt

Zwei Konkurrenten in Basel SBB, 1928: FFD 101 „Rheingold" und ISG-Pullmanzug „Edelweiß".
Foto: Sammlung Bürki (SBB)

Mit schnellen Lokomotiven

Bis 1939 erfolgte der Lokomotivwechsel zwischen den Niederländischen Eisenbahnen und der Deutschen Reichsbahn im Grenzbahnhof Zevenaar. Unser Bild, am 10. Juni 1938 aufgenommen, zeigt wiederum eine NS-Lok der Serie 3900 vor dem Zug.
Foto: Niederländische Eisenbahnen

Bemerkenswert und nicht allein für Eisenbahnfreunde interessant war von Anfang an die Bespannung des „Rheingold". Jede der beteiligten Bahnverwaltungen setzte ihre leistungsfähigsten Lokomotiven vor diesem Zug ein. Auf den niederländischen Strecken bis und ab Zevenaar fuhr jeweils eine NS-Lok der Serie 3900, zwischen Zevenaar und Mannheim ab 1928 die ehemalige bayerische S 3/6 (18^{4-5}) und von Mannheim bis Basel Bad. Bf. bzw. umgekehrt die badische IV h (18^3). Letztere waren die Spitzen-Schnellzuglokomotiven der aus den Länderbahnen vereinigten Deutschen Reichsbahn.

Aufgrund des Vierzylinder-Verbundtriebwerkes und des mit 4,53 m^2 reichlich bemessenen Feuerrostes eignete sich besonders die bayerische S 3/6, die von der Reichsbahn bis 1930 nachbeschafft wurde, für Langläufe wie im „Rheingold". So stellte das Bw Wiesbaden, dem die Zugförderung für den Abschnitt Zevenaar–Mannheim zunächst oblag, u. a. fünf Lokomotiven der Baureihe 18^4 mit 2 m Raddurchmesser ein (sog. Serien „d" und „e"). Die Tender dieser Lokomotiven faßten 32,5 m^3 Wasser und 8,5 t Kohle. Damit konnte zwischen Zevenaar und Mannheim ohne Lokwechsel gefahren werden.

Eigens für den Einsatz im „Rheingold"-Plan waren an den „Zwei-Meter-Loks" verschiedene Verbesserungen vorgenommen worden, darunter die Anordnung eines größeren Überhitzers und einer elektrischen Lichtanlage. Nach zuverlässigen Aufzeichnungen befanden sich beim Bw Wiesbaden am 15. Mai 1928 fünf Lokomotiven der Baureihe 18^4 und am 1. Juli desselben Jahres weitere sechs Stück der Baureihe 18^5. Im Frühjahr 1929 kamen nochmals drei 18^5er, Nachbauten von Maffei und Henschel, hinzu.

Mit Fahrplanwechsel 1935 gab das Bahnbetriebswerk Wiesbaden die Führung des „Rheingold" an das Bw Mainz ab. Zu diesem Zweck erhielt Mainz insgesamt zwölf Lokomotiven der Baureihen 18^4 und 18^5 zugewiesen, die zuvor in Wiesbaden bzw. Osnabrück stationiert waren.

Zu Beginn des „Rheingold"-Einsatzes standen bei dem für den Abschnitt Mannheim–Basel zuständigen Bahnbetriebswerk Offenburg insgesamt 20 Lokomotiven der badischen Baureihe IV h im Einsatz. Doch sollten sie sich in den Dienstplänen des FFD 101/102 nicht so lange halten wie ihre bayerischen „Schwestern" auf dem „Nordabschnitt". Anfang der dreißiger Jahre begegnen wir auf der badischen Hauptbahn vereinzelt schon Reichsbahn-Einheitslokomotiven der Baureihe 01. Und ab 1934 übernimmt diese Zweizylinder-Lokomotive vom Bw Offenburg aus planmäßig die Bespannung.

Hinsichtlich des Gesamtwirkungsgrades wurde die 01 gelegentlich als „geringfügig überlegen" bezeichnet. Andererseits sind Fälle bekanntgeworden, in denen gerade die 01er Verspätungsanfälligkeit infolge Verschlackens der Feuerung zeigten.

Dem Bahnbetriebswerk Offenburg standen Ende der zwanziger Jahre insgesamt 20 „Pazifik"-Lokomotiven der badischen Baureihe IV h zur Förderung der Schnellzüge zwischen Mannheim und Basel zur Verfügung. Bis 1934 begegnen wir ihnen auch vor dem „Rheingold", wie hier in Mannheim.
Foto: Sammlung Bündgen

Vierzylinder-Verbundlokomotiven der bayer. Baureihe S 3/6 besorgten die Traktion zwischen Mannheim und dem niederländischen Zevenaar.
Foto: Carl Bellingrodt

Die eindeutige Bevorzugung der Zweizylinderlok durch maßgebliche Kreise der Deutschen Reichsbahn ließ die Baureihe 01 in der zweiten Hälfte der dreißiger Jahre auch am Rhein eine ständige Heimat finden. So ist die Stationierung von Lokomotiven aus der Serie 01 102–01 198 im Bahnbetriebswerk Köln-Deutzerfeld bekannt, nachdem man ausgedehnte Versuchsfahrten mit dieser Lokreihe und einer „Rheingold"-Wagengarnitur zum Zwecke der weiteren Fahrzeitverkürzung durchgeführt hatte.

Tatsächlich blieb die Deutsche Reichsbahn erfolgreich bemüht, die schon raschen Fahrzeiten ihres Spitzenzuges fortwährend zu verbessern. Besonders deutlich wird dies erstmals zum Sommerfahrplan 1933, nachdem auch die Wagen neue Drehgestelle der schweren Mitropa-Bauart erhalten hatten. Zwischen Basel SBB und Hoek van Holland betrug die Beschleunigung im Falle des FFD 101 32, bei FFD 102 sogar 38 Minuten. In der Verbindung Luzern–Hoek van Holland ließ sich eine Verkürzung von nicht weniger als 42 Minuten erreichen. Dabei blieb der Zugstamm ganzjährig auf Basel beschränkt, während Luzern und Zürich durch Kurswagen bedient wurden, die auf schweizerischen Strecken vereint mit den ISG-Pullman-Wagen aus dem Konkurrenzzug „Edelweiß" liefen.

Auf der badischen Hauptbahn treffen wir schon Anfang der dreißiger Jahre vereinzelt auf die Einheitslok der Baureihe 01. Das Foto zeigt sie vor FFD 101, ausfahrend aus Karlsruhe Hbf.
Foto: Deutsche Bundesbahn

Acht Jahre lang trug der „Rheingold" die etwas eigenartige Bezeichnung „FFD", ehe er mit Beginn des Sommerfahrplans 1936 zum FD-Zug erklärt wurde und die zusätzliche Bezeichnung „Salonwagenzug" erhielt. Statt des FFD-Zuschlages erhob man von jetzt ab nurmehr ein Aufgeld wie bei allen übrigen Fernschnellzügen; ein Zeichen dafür, daß neben den Transitreisenden in zunehmendem Maße auch Fahrgäste mit Abgangs- oder Zielbahnhof im Deutschen Reich für die Benutzung gewonnen werden sollten (was in der Tat gelang).

Die Einheits-Dampflokomotive 01 077 verläßt Karlsruhe Hbf mit dem „Rheingold" in Richtung Süden.
Foto: Deutsche Bundesbahn

1938 übernahmen die Schweizerischen Bundesbahnen (SBB) die bislang im „Rheingold" gelaufenen Kurswagengruppen Hoek van Holland–Zürich und Amsterdam–Zürich/Luzern nicht mehr, so daß der Zuglauf auf Basel SBB beschränkt werden mußte. Die Ursache war jedoch nicht politischer Natur, sondern lag vielmehr darin, daß die SBB bei einer Verbesserung der Fahrzeiten auf den niederländischen und deutschen Streckenabschnitten und einer um drei Stunden späteren Abfahrtszeit des FD 101 in Basel SBB die Kurswagenübergänge nicht mehr halten konnten. Durch diese Maßnahmen ließen sich die Reisegeschwindigkeiten auf dem Reichsbahn-Streckenteil bei FD 101 von 79,5 auf 87,0 km/h und beim Gegenzug FD 102 sogar von 82,7 auf 89,6 km/h anheben.

Der gespannte Fahrplan der Züge FD 101/102 zwang die beteiligten Bahnen, die Zeiten für das Umsteigen der Fahrgäste in Basel SBB und das Zusammensetzen bzw. Trennen der Züge in Utrecht äußerst knapp zu halten. „Die dadurch gegebene Zwangsläufigkeit in der Zugbildung läßt zur Zeit nur die Durchführung einer geschlossenen Zuggruppe von Hoek van Holland über Basel SBB hinaus zu", heißt es folglich in der offiziellen Niederschrift über die Europäische Fahrplan- und Wagenbeistellungskonferenz für 1939/40, die im Oktober 1938 in Budapest tagte. Man vereinbarte, das Zugpaar FD 101/102 vom 15. Mai 1939 an „bis auf weiteres" zu einer durchgehenden Verbindung Hoek van Holland–Basel–Gotthard–Mailand auszubauen. Planmäßig bestand jede Garnitur nun aus einem Packwagen und mindestens vier Salonwagen, wobei der erstere und je ein Kurswagen 1. und 2. Klasse in Basel SBB auf die Anschlußzüge 68/RM überstellt bzw. in der Gegenrichtung aus den Zügen MR/61 übernommen wurden. So bildete der „Rheingold" die schnellste direkte Verbindung zwischen der Nordsee und der Schweiz sowie Oberitalien. 17½ Stunden zur Überwindung der Distanz Hoek van Holland–Mailand stellten immerhin eine beachtliche Leistung dar.

Auf Verlangen der Schweizerischen Bundesbahnen und der Italienischen Staatsbahnen blieb eine Serviceleistung der Mitropa auf der Strecke Arth-Goldau–Mailand indessen ausgeschlossen. „Die Küchen sind verschlossen zu halten", vermerkt die amtliche Niederschrift aus jenen Tagen. Und mehr noch: „Die Anschrift ‚Mitropa' darf auf diesem Streckenabschnitt an den Wagen nicht geführt werden". Dahinter stand freilich die offenkundige Absicht der ISG, eine Konkurrenz zu ihrem Speisewagenlauf Basel–Mailand in bester Abendlage auszuschließen.

Auf dem Netz der Niederländischen Eisenbahnen erzielte Zeitgewinne waren es, denen der Reisende die vorläufig letzte Beschleunigung des „Rheingold" zum Som-

Unten: Vereinzelt erschien selbst die preußische P 8, bekannt als „Mädchen für alles", vor dem „Rheingold". Im Bild die 38 2493 vor FD 102 in Schallstadt.
Foto: Carl Bellingrodt

Darunter: Basel SBB – Juli 1939: Die für Mailand bestimmten Kurswagen sind soeben mit der Personenzuglokomotive 38 1726 vom Badischen Bahnhof eingetroffen. Foto: Charles R. G. Stuart

Etwa 20 Minuten betrug der Aufenthalt zum Lokwechsel in Basel Bad. Bf.
Foto: Bundesbahndirektion Karlsruhe

merfahrplan 1939 zu verdanken hatte. Dabei führte der planmäßig um 6.51 ASZ in Hoek van Holland abfahrende D 271 neben je einem SPw 4 ü, SA 4 üK und SB 4 ü auch Regelzugwagen 1. und 2. Klasse nach Eger und München sowie den Speisewagen dorthin, die im D 264 weiterliefen.

Seine höchste Geschwindigkeit erreichte FD 101 zu jener Zeit im Abschnitt Freiburg/Brsg.–Baden-Oos mit einem Schnitt von 105 km/h. Er war damit neben dem Henschel-Wegmann-Zug Berlin, Anh. Bf.–Dresden Hbf. und den zwischen Berlin, Lehrter Bf. und Hamburg-Altona verkehrenden FD-Zügen ein auch von der Reisezeit her besonders schneller und attraktiver deutscher Dampfzug.

Übrigens hatte die Reichshauptstadt durch den weiteren Ausbau des 1933 mit dem „Fliegenden Hamburger" begonnenen, sternförmig auf Berlin ausgerichteten SVT-Netzes wenige Monate vor Kriegsausbruch in Form des Schnelltriebwagenpaares FDt 34/33 (Berlin–Basel SBB) noch Anschluß an die „Rheingold"-Gotthard-Route erhalten.

Die Zugförderung des FD 101/102 war unterdessen im gesamten deutschen Durchlauf auf die neuzeitlichen und wirtschaftlicheren 01er übergegangen: Schon ab 1937 hatte das stattliche Dunkelgrün der „Maffei-Maschinen" auch zwischen Mannheim und Zevenaar den Zweizylinder-Konkurrentinnen weichen müssen. Nicht nur für die Lokpersonale, die der S 3/6 stets höch-

stes Lob zollten, bedeutete dies eine Umstellung. Auch die damals schon an der Strecke oder auf Bahnsteigen mit gespannter Aufmerksamkeit wartenden Eisenbahnfreunde hatten sie ins Herz geschlossen.

Doch vereinzelt erschien selbst die gute alte preußische P 8 vor dem Spitzenzug der DR und machte auch hier ihrem Namen als „Mädchen für alles“ Ehre. Von ihr wird berichtet, daß sie häufiger aushilfsweise die Förderung der violett-elfenbeinfarbenen Wagengarnitur übernahm. Tatsächlich beweisen Fotodokumente aus den Jahren 1937–1939 den zeitweisen Einsatz dieser Lokgattung vor dem „Rheingold“ auf der badischen Hauptbahn. Ging die Anhängelast einmal über die Regel hinaus (was infolge starken Zuspruchs des Zuges nicht selten geschah), dürfte es hierbei allerdings die eine oder andere Verspätung gegeben haben.

Zwischen den beiden Baseler Bahnhöfen fanden schwere deutsche Schnellzuglokomotiven weder vor dem „Rheingold“ noch vor anderen Reisezügen Verwendung. Der Grund hierfür war in der Achslastbegrenzung auf 16 t für die Gleise der Rheinbrücke zu suchen. Meist besorgten hier leichte Tenderlokomotiven (Baureihe 75, badische Bauart), aber auch preußische P 8 und G 10 die Traktion, ehe bauliche Maßnahmen vor der Elektrifizierung in den fünfziger Jahren diesen betrieblichen Engpaß beseitigten.

Oben: Fernschnellzug „Rheingold“ auf seiner Fahrt nach Süden vor Oberwesel.
Foto: Carl Bellingrodt

Mitte: „Rheingold“-Salonwagen 1. Klasse mit Küche, Betriebsnummer SA 4 üK 10 503 (ursprünglich 20 503); dahinter ein gleichartiges 2.-Klasse-Fahrzeug. Foto: Carl Bellingrodt

Im Laufe der dreißiger Jahre übernahmen Einheitslokomotiven der Baureihe 01 die Förderung des „Rheingold“. Das Foto zeigt die 01 069 vor FFD 102 bei Freiburg im Breisgau.
Foto: Carl Bellingrodt

Ein bewegtes Jahrzehnt

Einfahrt des FFD 102 in den Kölner Hauptbahnhof, 1932.
Foto: Verkehrsmuseum Nürnberg

... und Ausfahrt des FFD 101 aus der badischen Metropole Karlsruhe.
Foto: Deutsche Bundesbahn

Es dürfte kein zweites einheitliches Eisenbahnnetz zu finden sein, meinten führende amerikanische Pressekreise Ende des Jahres 1930, das wie das deutsche rd. 53 000 km Strecke mit fast 120 000 km Gleisen und nahezu 700 000 Beschäftigten umfaßt. Und sicher hatten sie recht damit; denn die Deutsche Reichsbahn-Gesellschaft befand sich gegenüber ihren vergleichbaren europäischen Nachbarländern Frankreich und Großbritannien sowohl organisatorisch als auch betrieblich dadurch im Vorteil, daß sie (zugegebenermaßen zu diesem „Glück" gezwungen) das gesamte Staatsgebiet abdeckte, während Paris und London noch als zentrale Endpunkte von Regionalbahnen galten. Wer erinnert sich nicht an die berühmt gewordene französische PLM, die „Nord" oder „Etat" und jenseits des Kanals an die nicht weniger bekannte „Great Western", die LMS, die „Southern" und andere?

Die verkehrsgeographisch zentrale Lage des Deutschen Reiches brachte es im übrigen mit sich, daß nicht weniger als 130 Grenz- und Übergangsbahnhöfe die Verbindung der deutschen Eisenbahnen mit denen der Nachbarverwaltungen herzustellen hatten. Der „Rheingold" benutzte zwei besonders wichtige: Zevenaar/Elten und Basel, und als „Übergang" über den Rhein zwei der insgesamt 24 Eisenbahnbrücken, nämlich die bei Köln und Mainz.

Angesichts der bedrohlich sich zuspitzenden Weltwirtschaftslage hatte es zu Beginn der dreißiger Jahre nicht an Stimmen gefehlt, die nach der Berechtigung eines solchen Luxuszuges fragten. Auch Deutschland steuerte damals mit wachsender Arbeitslosigkeit immer mehr in die Krise, deren Höhepunkt erst 1932 erreicht wurde. Erinnern wir uns: Die Zahl der Beschäftigungslosen betrug zu jener Zeit mehr als 6 Millionen, von Arbeitszeit- und mehrfachen Lohn- oder Gehaltskürzungen ganz zu schweigen.

Abgesehen von allen übrigen Gründen erfuhr der Reiseverkehr mit der Schweiz vor allem dadurch eine fühlbare Beeinträchtigung, daß eine Notverordnung aus dem Jahre 1931 die Bezahlung von 100 Reichsmark bei Reisen in dieses Land verfügte, was erhebliche Rückgänge gerade bei den Benutzerzahlen des „Rheingold" zur Folge hatte. Doch Wettbewerbsdenken und der

	London - Köln - Basel - Zürich			Zürich - Basel - Köln - London		
	An	Ab	STATION	An	Ab	
WEZ	—	20.30	London Liv. St.	8.38	—	WEZ
WEZ	21.57	22.00	Harwich	6 15	6.55	WEZ
AZ	5.30	5.49	Hoek van Holland	21.30	23.00	AZ
	6.15	6.22	Rotterdam D. P.	20.57	21.03	
	6.55	—	Gouda	—	20.25	
	—	6.26	*den Haag S. S.*	20.54	—	
	—	6.58	Gouda	20.22	—	
	7.28	—	Utrecht	—	19.54	
	—	6.41	Amsterdam C. S.	20.30	—	
	7.24	—	Utrecht	—	19.48	
	—	7.37	Utrecht	19.45	—	
	8.21	8.23	Arnheim	19.00	19.02	
AZ	8.36	8.41	Zevenaar } Paß u. Zoll	18.26	18.46	AZ
MEZ	10.32	—	Duisburg } im Zuge	—	17.57	MEZ
	—	9.12	*Dortmund Hbf*	19.35	—	
	—	9.39	*Bochum Hbf*	19.13	—	
	—	10.04	*Essen Hbf*	18.56	—	
	10.28	—	*Duisburg Hbf*	—	18.30	
	—	9.26	*Wanne-Eickel Hbf*	19.23	—	
	—	9.35	*Gelsenkirchen Hbf*	19.14	—	
	—	9.45	*Essen-Altenessen*	19.03	—	
	—	10.00	*Oberhausen*	18.45	—	
	10.10	—	*Duisburg Hbf*	—	18.36	
	—	10.33	Duisburg Hbf	17.56	—	
	10.52	10.54	Düsseldorf Hbf	17.34	17.36	
	11.28	11.34	Köln Hbf	16.52	17.00	
	13.56	—	Mainz Hbf	—	14.29	
	—	14.23	*Mainz Hbf*	14.11	—	
	14.39	—	*Wiesbaden Hbf*	—	13.58	
	—	13.37	*Wiesbaden Hbf*	14.49	—	
	13.50	—	*Mainz Hbf*	—	14.36	
	—	14.15	*Mainz Hbf*	14.10	—	
	15.17	—	*Frankfurt (M.) Hbf*	—	13.38	
	—	13.06	*Frankfurt (M.) Hbf*	15.35	—	
	13.37	—	*Mainz Hbf*	—	14.55	
	—	13.58	Mainz Hbf	14.27	—	
	14.55	—	Mannheim	—	13.24	
	—	15.28	*Mannheim*	13.08	—	
	15.57	—	*Heidelberg*	—	12.50	
	—	14.37	*Heidelberg*	14.01	—	
	14.55	—	*Mannheim*	—	13.42	
	—	15.02	Mannheim	13.18	—	
	15.48	—	Karlsruhe	—	12.30	
	—	16.35	*Karlsruhe*	—	—	
	18.04	18.10	*Stuttgart Hbf*	—	a 9.10	
	21.43	—	*München Hbf*	—	—	
	—	15.52	Karlsruhe	12.18	—	
	16.15	—	Baden-Baden West	—	11.55	
	16.26	16.07	*Baden-Baden Stadt*	12.06	11.46	
	—	16.17	Baden-Baden West	11.53	—	
	17.36	17.37	Freiburg (Breisgau)	10.37	10.39	
	18.27	18.38	Basel Bad. Bf } Paß u. Zoll	9.36	9.50	
	18.46		Basel SBB. } im Zuge	—	9.28	
	—	19.10	Basel SBB.	9.05	—	
	20.28	—	Zürich Hbf	—	7.50	
	—	18.59	Basel SBB.	9.00	—	
	20.32	—	Luzern	—	7.23	
	—	18.59	*Basel SBB.*	9.00	—	
	20.55	—	*Bern Hbf*	—	7.00	
	—	19.38	*Basel SBB.*	9.00	—	
	23.52	—	*Genf Corn.*	—	4.36	

Winter 1932/33

Gültig vom 2. Oktober 1932
bis mit 14. Mai 1933

FAHRPLAN
des
„Rheingold“

Holland-Schweiz = FFD 102
Schweiz-Holland = FFD 101

Der „Rheingold“ führt durchlaufende Wagen I. u. II. Klasse mit Salonspeisewagen. Er ist in Holland, Deutschland und in der Schweiz für Reisen von beliebiger Entfernung zugelassen. Während der ganzen Dauer des Winterfahrplans fährt der Rheingoldzug täglich bis und ab Zürich. In Basel bestehen günstige Anschlüsse nach und von Luzern, Bern und Genf. Zu den Schnellzugsfahrpreisen tritt ein mäßiger Zuschlag.
Näheres bei den Fahrkartenschaltern und Reisebüros.

---

a über Karlsruhe (an 10.57) oder über Bruchsal-Heidelberg-Mannheim (an 11.31)
WEZ = 1 Stunde **nach** gegen MEZ in Großbritannien.
AZ = 40 Minuten **nach** gegen MEZ in Holland.

Der Winterfahrplan 1932/33.

Zwang zum Erfolg leiteten die Verantwortlichen der Deutschen Reichsbahn-Gesellschaft in ihrer heute als richtig bezeichneten Entscheidung, diesen Zug nicht „sterben“ zu lassen. Die aufkommende Konkurrenz von seiten des Kraftwagens, vielleicht aber auch die erkennbare Entwicklung des Luftverkehrs dürften hierfür wohl den Ausschlag gegeben haben. Es waren dieselben Gründe, die bereits 1930 zur Einrichtung einer Pkw-Beförderung in der Nord-Süd-Relation geführt hatten, die im übrigen ab 1. April 1931 auf ein Dutzend weitere Verbindungen ausgedehnt wurde, darunter im Verkehrsgebiet des „Rheingold“ die vielbefahrenen Strecken Köln–Basel und Berlin–Frankfurt (M.)–Basel.

Zudem hatte der technische Fortschritt gerade in diesen Jahren einen außerordentlich hohen Stand erreicht. Am 21. Juni 1931 unternahm der von Kruckenberg entwickelte Propeller-Triebwagen zwischen Hamburg und Berlin seine ersten Schnellfahrversuche. Nur fünf Jahre später, am 11. Mai 1936, überschritt eine Stromlinien-Dampflokomotive der Baureihe 05 auf der gleichen Strecke die 200-km-Marke und im Dezember 1938 konnte die Deutsche Reichsbahn (wie sie nun hieß) ihre für 175 km/h ausgelegte elektrische Schnellfahrlokomotive E 19 vorstellen.

Die europäischen Verkehrsnetze und -systeme rückten näher aneinander. Dabei zeichnete sich sogar in Großbritannien die Bereitschaft zur Abkehr von der bislang unverzichtbaren „splendid isolation“ gegenüber dem europäischen Festland ab. Der frühere Schatzkanzler Winston Churchill setzte sich 1936 nachdrücklich für den Bau eines Tunnels unter dem Ärmelkanal zwischen England und Frankreich ein. Doch blieb dies leider nur eine Willenserklärung.

Einer erheblichen Beschleunigung des Verkehrs mit Skandinavien diente der 2,5 km lange Rügendamm zwischen Stralsund und Altefaehr, der mit dem Beginn des Winterfahrplans 1936 in Betrieb genommen wurde. Die „Lübeck-Büchener Eisenbahn“ stellte im folgenden Jahr ihre ersten fünf Doppelstock-Stromlinienzüge in Dienst. Und am 8. Oktober 1939 brachte die Eröffnung des letzten Teilstücks der unterirdischen Nord-Süd-Bahn in Berlin den durchgehenden S-Bahn-Betrieb zwischen Oranienburg und Wannsee.

Daß sich all dies vor dem Hintergrund einer politischen Umorientierung vollzog, die Anfang der dreißiger Jahre stattgefunden hatte, ist gewiß kein Zufall; doch wäre es un-

Kraftvoll und majestätisch: die langjährige „Rheingold“-Lok der bayerischen Reihe S 3/6. Symbolisch wartet im Hintergrund bereits die Elektrotraktion.
Foto: Deutsche Bundesbahn

Nürnberg, 1935: Auf zwei Straßenrollern wird der Salonwagen 10 508 (ex 20 508) zur „Jahrhundertausstellung“ der deutschen Eisenbahnen gebracht.
Foto: Verkehrsmuseum Nürnberg

Die eindeutige Bevorzugung der Zweizylinderlok durch maßgebliche Kreise der Deutschen Reichsbahn ließ die Einheitslokomotive der Baureihe 01 in der zweiten Hälfte der dreißiger Jahre auch am Rhein eine ständige Heimat finden. Foto: Carl Bellingrodt

zutreffend, die Erfolge des deutschen Eisenbahnwesens in jenen Jahren allein oder auch nur überwiegend mit dem Machtstreben des Staates zu begründen. Richtig ist indessen, daß jede Möglichkeit genutzt wurde, eine breite Öffentlichkeit mit dem hohen Entwicklungsstand des Schienenverkehrs vertraut zu machen. Und dazu bot sich Gelegenheit in reichem Maße:

Beispielsweise aus Anlaß der Feierlichkeiten zum 100jährigen Bestehen der deutschen Eisenbahnen 1935. Was die Reichsbahn damals in Nürnberg zeigte, kann mit Recht als größte Leistungsschau des Eisenbahnwesens bezeichnet werden, die jemals in diesem Lande stattfand. Natürlich durfte hierbei auch der „Rheingold“ nicht fehlen. An 10. Stelle der großen Fahrzeugparade vom 8. Dezember 1935 führte die brandneue Einheits-Schnellzuglokomotive 01 156 des Bahnbetriebswerkes Schneidemühl einem interessierten Publikum sowohl den Packwagen 105 003 als auch drei violett-

(Fortsetzung) 229 Köln - Koblenz - Mainz - Frankfurt (Main)

(Lufthafen Rhein-Main-Frankfurt (M) Hbf Gesamtverkehr siehe Strecke 254 e)

RBD Köln — Zug Nr / Klasse			1328 2.3.	E114 2.3.	1270 2.3.	FD102 1.2.	D171 1.2.3.	FD264 1.2.	E110 2.3.		1310 w2.3.	1330 2.3.	1272 2.3.	E306 Sa 2.3.	3470 b6 2.3.	3121 vS 2.3.	D372 1.2.3.	E112 2.3.	1276 2.3.	1665 S 2.3.	D468 1.2.3.	D68 1.2.3.	D162 1.2.3.
Dortmund Hbf 201, 202 ab	...	...	7.06	8.16	8.16	8.41	9.55	h10.10	10.16	...	...	10.16	10.13	11.02	...	...	11.46	11.55	11.55	...	12.46	13.00	13.00
Essen Hbf 201 ab	...	...	7.53	8.48	8.48	9.36	10.30	10.30	10.55	...	...	10.55	10.48	Sa11.53	...	...	12.16	12.27	12.27	...	13.27	13.33	13.33
Duisburg Hbf 201 ab	...	...	8.37	9.22	9.22	10.07	10.52	11.11	11.05	...	...	11.05	11.20	{12.18	...	...	12.46	12.54	12.54	...	13.49	14.06	14.00
Düsseldorf Hbf ab	...	...	8.55	9.43	9.43	10.23	11.11	11.32	11.37	...	...	11.37	11.57	Sa12.39	...	...	13.08	13.15	13.15	...	14.10	14.22	14.22
Wuppertal-Elberfeld 202 ab	...	...	8.40	9.19	9.19	9.57	10.58	10.58	10.58	...	...	10.58	11.39	11.39	...	...	13.03	13.13	13.03	...	13.57	14.19	[illegible]
Aachen Hbf 22 ab	...	...	8.18	w8.33	w8.33	8.18	10.50	10.50	10.50	...	...	10.50	11.14	11.14	...	...	12.52	12.52	12.52	...	13.37	13.37	13.37
M.Gladbach Hbf 22, 224 ab	...	...	a8.31	a9.05	8.47	a9.05	a10.25	a11.04	a11.04	...	...	a11.04	...	11.53	11.53	...	13.04	11.53	11.04	...	13.18	13.56	13.56
Krefeld Hbf 220 ab	...	...	8.33	9.08	9.08	9.08	10.33	11.19	11.19	...	...	11.19	...	11.57	11.57	Ⓐ	{13.04	11.57	11.57	...	...	14.09	14.09
Neuß 220 ab	...	...	8.55	9.25	9.25	9.25	11.01	11.36	11.36	...	...	11.36	...	12.22	12.22	Ⓐ	{13.29	12.22	12.22	...	...	14.26	14.26
Köln-Deutz ab	...	...	9.37		10.28		Ⓑ		11.59	...	...	12.06	12.35	Sa	13.25	{13.39	Ⓐ		13.56	S14.25			
Köln Hbf (weitere Züge s. Strecke 234)	...	...	9.48	10.32	10.39	11.00	✕11.53	12.11	12.18	...	...	12.23	12.51	{13.24	13.41	}13.47	{14.06	14.05	14.10	{14.34	14.52	15.04	15.06
Köln West	...	...	9.52		10.43		✕			...	...	12.28	12.56		13.46	}13.54	✕			14.40	✕	✕	
Köln Süd	...	...	9.57		10.47					...	...	12.32	13.00	{13.32	13.51	}13.58		14.13	14.17	S14.4?			
Kalscheuren	...	...	10.04	Dortmund	10.54					...	...	12.39	13.07		13.58	an				an			
Brühl	...	...	10.10		11.00	Rheingold Salonwagen	Ostende-Köln-			...	...	12.46	13.13	von Münster	14.05	von Troisdorf verk. nur vS	Dortmund-	Wuppert-	14.27	von	Münster-	Amster- / Hoek v. Holland	M.Gladbach-
Sechtem	...	...	10.16		11.06					...	...	12.53	13.20		14.10								
Roisdorf	...	...	10.23		11.13					...	...	13.00	13.27		14.17								
Bonn (Beuel) an	...	...	10.29	10.58	11.19			12.37	12.43	...	...	13.07	13.34	13.58	14.23			14.35	14.42		15.18	15.32	
Euskirchen 228 ab	...	...	...	10.08	10.08			11.36	11.36	...	...	11.36	...	13.06	13.06			13.06	13.06	...	...	14.32	...
Bonn ab	...	...	10.31	10.59	11.26			12.38	12.45	...	...	13.09	13.35	}14.00	14.24			14.37	14.43		15.19	15.33	
Bad Godesberg (Niederd.)	...	...	10.38	11.07	11.34	zug			12.52	...	...	13.17	13.43	}14.09	14.31		Ⓐ	14.46	14.51				
Mehlem (Königswinter)	...	...	10.42	Frank	11.37	Amster / Hoek van	Koblenz-	Hoek van	Köln-	...	...	13.21	13.47	Westf.	an	dorf vS	E.-Altenessen	Frank / al-Ober	14.55	Hennef	Essen	dam / land-	Köln
Rolandseck (Honnef)	...	...	10.48		11.43					...	...	13.27	13.53						15.00				
Oberwinter (Unkel)	...	...	10.52		11.47					...	...	13.31	13.57		...				15.04				
Remagen (Erpel) an	...	...	10.57	11.20	11.52				13.04	...	nach	13.36	14.03	}14.22	...			14.58	15.10		15.37	15.51	
Bad Neuenahr 228a an	...	...	11.43	11.43	13.13	...	...	...	14.02	...		14.02	...	...	...	...	...	15.37	15.37	...	...	...	...
Bad Neuenahr 228a ab	...	...	10.19	11.00	11.03	...	...	...	12.21	...		13.08	...	...	...	...	...	14.24	14.24	...	15.19	15.19	...
Remagen ab	...	...	10.58	11.21	11.53				13.05	...		13.38	14.04	{14.23	...	...		14.59	15.11	...	15.38	15.52	
Sinzig (Linz)	...	...	11.03	furt	11.59	dam / Holland	Wiesbaden-	Holland	Koblenz	...	nach Koblenz ab Bingerbrück täglich	13.44	14.09		...	...	Krefeld / Neuß	furt / rbarmen	15.16	...	Hbf- Köln	Koblenz -	Neuwied
Niederbreisig (Hönningen)	...	...	11.10		12.06					...		13.52	14.16	{14.33	...	...			15.23	...			
Brohl (Rheinbrohl)	...	...	11.15		12.11					...		13.58	14.21	{14.40	...	...			15.28	...			
Namedy	...	...	11.20							...			14.26		...	...				...			
Andernach (Leutesdorf) an	...	...	11.25	11.37	12.18				13.21	...		14.05	14.31	{14.48	...	...		15.16	15.36	...			
Mayen Ost 234p an	...	...	...	...	14.01	...	...	...	14.01	...		...	15.27	15.27	...	...	...	...	17.22	...		...	...
Andernach ab	...	...	11.26	11.38	12.19				13.22	...	w13.50	14.06	14.32	{14.49	...	...		15.17	15.36	...		◆	
Weißenthurm (Neuwied)	...	...	11.31		12.25			✕	13.27	...	{13.54	14.12	14.37	{14.54	...	...	Köln		15.41	...	Mainz		
Urmitz	...	...	11.38		12.31	✕				...	{14.00	14.19	14.43		...	...			15.47	...			
Koblenz-Lützel 228c, 234q	...	...	11.46		12.40					...	{14.08	14.27	14.51		...	...			15.56	...			
Koblenz Hbf (Ehrenbreitst.) an	...	...	11.50	11.56	12.44	12.03	{13.08	13.19	13.42	...	w14.12	14.31	14.55	Sa15.10	↴		15.24	15.36	16.00	...	16.11	16.24	16.30
Koblenz Hbf 228b ab	...	...	w12.12	12.37	13.15	12.37	13.15	w13.30	13.48	...	w14.36	↩	15.00		15.18	...	↪	15.47	16.35	...	16.35	16.35	16.35
Niederlahnstein 228b an	...	...	w12.2?	12.45	13.23	12.45	13.23	w13.38	13.54	...	w14.47	...	15.06		15.26	...	...	15.55	16.41	...	16.41	16.4?	16.41
Bad Ems 167 an	...	...	13.08	13.08	14.07	13.08	14.07	14.07	14.07	...	...	...	15.28		16.19	...	...	16.19	17.09	...	17.09	17.09	17.09
Koblenz Hbf 233 ab	...	...	12.20	12.20	13.33	12.20	b{	{14.21	{14.21 }b	...	...	...	...	verk. nur einschl. bis 30 IX	...	...	...	...	...	...	16.29	16.29	16.29
Trier Hbf 233 an	...	...	14.00	14.00	16.31	14.00		{16.08	{16.08	...	...	...	...		...	...	...	...	...	...	18.12	18.12	18.12
Trier Hbf 233 ab	...	...	10.27	10.27	...		...	...	...	...	...	...	11.56		...	...	13.45	13.45	...	...	...	...	...
Koblenz Hbf 233 an	...	...	12.05	12.06	...	...	...	...	...	...	...	...	14.46		...	...	15.23	15.23	...	...	...	...	...
Bad Ems 167 ab	...	...	11.06	11.06	11.06	11.06	11.06	11.06	12.56	...	13.23	...	...		...	...		15.0?	...	...	15.00	15.00	15.00
Niederlahnstein 228b ab	...	...	w11.52	w11.52	12.41	11.26	12.41	12.41	13.21	...	13.49	...	14.38		...	...	{14.55	15.25	...	...	15.52	15.52	15.52
Koblenz Hbf 228b an	...	...	w12.01	w12.01	12.50	11.32	12.50	12.50	13.30	...	13.55	...	14.46		...	...	{15.03	15.31	...	...	16.01	16.01	16.01

RBD Mainz u. Frankfurt (M) — Zug Nr / Klasse		1326 2.3.	1328 2.3.	E114 2.3.	1338 2.3.	FD102 1.2.	D171 1.2.3.	FD264 1.2.	E110 2.3.	1332 2.3.	1310 2.3.	E149 2.3.	1272 2.3.				D372 1.2.3.	E117 2.3.	1272 2.3.		D468 1.2.3.	D68 1.2.3.	D162 1.2.3.
Koblenz Hbf (Ehrenbreitst.) ab	...	...	12.25	12.11	13.01	12.04	{13.10	13.20	13.46	...	14.17		15.11	...	...	...	{15.28	15.43	...	...	16.13	16.26	16.34
Kapellen-Stolzenf. (N'lahnst.)	...	...	12.31		13.09		Ⓑ ✕	✕		...	14.23		15.16	...	...	...			...	...	✕	✕	Ÿ
Rhens (O'lahnst.)	...	...	12.37		13.15					...	14.29		15.23	...	...	...	✕		...	...			
Spay (Braubach u. Osterspai)	...	...	12.42		13.21	Köln-Mainz Hbf-Mannheim-	Mainz - Darmstadt-	Köln-Frankfurt(M)-		...	14.34	Saarbrücken-Frankfurt Hbf	15.29	...	...	...			...	...	Hbf - Frankfurt	Wiesbaden - Frankfurt-	Ludwigshafen-
Boppard 251h (Kamp)	...	...	12.51	12.29	13.38				14.02	...	14.43		15.45	...	...	...	Ⓐ Koblenz-Mainz-	15.59	...	...			16.51
Bad Salzig (Kestert u. Kamp)	...	...	12.57		13.45					...	14.49		15.51	...	...	...		16.06	...	...			
Hirzenach (Kestert)	...	...	13.03		13.52					...	14.55		15.55	...	...	...			...	...			
St. Goar (St. Goarshausen)	...	...	13.10	12.43	14.00				14.15	...	15.02		16.04	...	...	...		16.16	...	...			
Oberwesel (Kaub)	...	...	13.18	12.52	14.09				14.24	...	15.10		16.12	...	...	...		16.24	...	...			
Bacharach (Lorchhausen)	...	...	13.27	13.00	an				14.31	...	15.19		16.20	...	...	...		16.32	...	...			
Niederheimbach (Lorch)	...	...	13.32		bG					...	15.24		16.26	...	...	...			...	...			
Trechtingsh. (Aßmannsh.)	...	...	13.38							...	15.30		16.32	...	...	...			...	...			
Bingerbrück 251, 253c an	...	↲	13.45	13.13	↴	✕			14.43	...	15.37		16.38	—	—	—	16.14	16.44	↴	...	16.59		17.24
Bingerbrück 251 ab	...	:14.14	14.54	:14.14	13.24	heim-	...	...	14.54	...	16.32	...	17.31	...	...	...	16.32	17.31	↓	...	Süd-	...	17.31
Bad Kreuznach 251 an	...	:14.28	15.18	:14.28	13.50		...	...	15.16	...	16.58	...	17.47	...	...	...	16.58	17.47		...		...	17.47
Bad Münster a. Stein 251 an	...	:14.35	15.26	:14.35	13.58		...	...	15.26	...	17.06	...	17.55	...	...	...	17.06	17.55		...		...	17.55
Saarbrücken Hbf 251 an	...	:16.33	...	:16.33	17.28		...	...	...	...	21.00	...	20.09	...	...	...	20.09	20.09		...		...	20.09
Saarbrücken Hbf 251 ab	...	...	:8.50	:8.50	...	...	...	...	...	11.34	...	13.10	...	...	...	...	13.10	13.10	13.10	...	13.10	...	13.1?
Bad Münster a. Stein 251 ab	—	...	13.32	:10.47	...	...	...	...	14.00	14.56	...	15.16					15.16	15.16	15.16	...	15.16	...	16.28
Bad Kreuznach 251 ab	1294	12.45	13.39	12.45	...	...	...	...	14.01	15.03	...	15.22					15.22	15.22	15.22	...	15.22	...	16.37
Bingerbrück 251 an	2.3.	13.10	14.00	13.10	...	...	...	...	14.33	15.28	...	15.36					15.36	15.36	15.36	...	15.36	...	17.04
Bingerbrück (s. Str. 253c) ab	12.55	13.32	14.09	13.17	...				14.46	15.32	...	15.41					{16.16	16.46	16.51	...	17.01	◆	17.26
Bingen (Rh) (Rüdesh.)	12.59	13.35	14.13	13.21	...				14.50	15.36	...	15.45						16.50	16.55	...	❶		17.30
Gaulsheim	13.04	13.41	14.18		...	Basel SBB-Mailand	Karlsruhe - Konstanz	Würzburg		15.41	...	Ÿ					Ⓐ über Mannheim-Stutt		17.00	...	Würzburg-	Nürnberg	Heidelberg
Gau-Algesheim 251	13.11	13.48	14.24		...					15.57	...								17.13	...			
Ingelheim Rh 252k (Östrich-W.)	13.16	13.53	14.30	13.34	...				15.01	16.04	...	15.56						17.01	17.18	...			
Heidesheim (Rheinh.) (Erbach)	13.23	13.59	14.36	Dortm.-	...					16.11	...								17.25	...			
Uhlerborn		14.04	14.41		...					16.15	...									...			
Budenheim (Niederwalluf)	13.30	14.09	14.46		...					16.21	...								17.32	...			
Mainz-Mombach	13.37	14.15	14.52		...					16.27	...								17.38	...			
Mainz Hbf 252 253a 254 255 an	13.42	14.20	14.57	13.50	...	:13.05		14.25	15.16	16.32	—	16.11	—				16.40	17.16	17.43	...	17.26		17.53
Mainz Hbf 253 ab	13.55	14.48	15.08	13.55	...	13.12	Y	14.48	15.23	16.36	...	16.23	...		...	...	16.58	17.20	18.02	...	17.42		18.02
Wiesbaden Hbf 253 an	14.06	15.01	15.22	14.06	...	13.25	{14.25	15.01	15.34	6.49	...	16.36	...		...	...	17.11	17.33	18.16	...	17.55	:17.46	18.16
Darmstadt Hbf 255 an	14.37	15.41	16.06	14.37	...	14.06	{15.08	15.41	16.06	18.24	...	17.?5	—		...	...	...	18.24	18.31	...	18.24	...	18.31
Worms 252 an	14.38	15.56	:15.50	:15.50	...	14.38	...	15.50	16.53	17.58	...	17.58	1332		...	...	17.58	:18.43	:18.43	...	:18.43	...	:18.43
Ludwigshafen (Rh) Hbf 252 an	15.02	16.33	:16.10	:16.10	...	15.02	...	16.10	17.30	18.29	...	18.29	2.3.		...	...	18.29	:19.09	:19.09	...	:19.09	...	:19.09
Wiesbaden Hbf 253 ab	W3944	1296	14.48	13.25	...	12.46	{14.31	14.00	:15.00	w1324	w15.27	15.55	16.14		...	...	16.14	w16.56	...	...	w16.56	:17.52	17.46
Mainz Hbf 253 an	2.3.	2.3.	15.01	13.37	...	12.59	{14.41	14.10	:15.12	bB 2.3.	w15.38	16.08	16.27	↙	...	...	16.27	w17.09	...	...	w17.09		17.57
Mainz Hbf 255 ab	□	14.09	15.05	13.55	...	:13.07	{14.42	14.27	15.19	w15.49	↵	16.13	16.51	...	...	...	{16.42	17.19	...	...	{17.32		:18.04
Mainz Süd 252	...	14.13	15.09	14.00	...				15.23	{15.53	...	16.18	16.55	...	...	...		17.23	...	...	❶		e
Mainz-Gustavsburg	...	14.18	15.14		...	üb. Gr. Gerau-Dornberg Rheingold Salonwagenzug	über Darmstadt	Eger / München	Frankfurt(M)Hbf	{15.58	...		17.00	...	...	...	Gr. Gerau-Dornberg / gart-München		...	...	an 18.01 ab 18.02 Frankfurt Süd / München	Wien - Budapest	über Worms
Mainz-Bischofsheim 254	...	14.24	15.20		...					{16.03	...		17.05	...	...	...			...	...			
Rüsselsheim	{14.22	14.31	15.27	14.12	...				15.34	{16.10	...	16.29	17.12	...	...	...		17.34	...	...			
Raunheim	nach Hanau	14.45	15.41	Frankfurt	...					{16.16	...		17.18	...	...	...			...	...			
Kelsterbach		14.?5	15.50		...					{16.25	...		17.27	...	...	...			...	...			
Frankfurt-Schwanheim		15.01	15.56		...					{16.30	...		17.32	...	...	...			...	...			
Frankfurt (M) Sportfeld 254e	{14.48	15.08	16.04		...					{16.36	...		17.39	...	...	...			...	...			
Frankfurt-Niederrad		15.13	16.09		...					{16.41	...		17.43	...	...	...			...	...			
Frankfurt (M) Hbf 220, 301a an		15.19	16.16	14.35	...	Y	Y	14.59	15.55	w16.47	...	16.53	17.50	...	...	...	Y	17.37	...	...		:18.28	Y

Gelegenheit zum Übersetzen nach dem in der Klammer angegebenen Ort
a über Neuß
b nur vom 25. V. bis 1. VI. u. vom 1. VII. bis 10. IX.
e ab Mainz für Faltboote ausgeschl.
Ⓑ verkehrt nur v. 1. VII. bis 11. IX.

◆ D 68 für [illegible] u. Jugendfahrten. Kinder- u. sonstige Transporte nur beschränkt aufnahmefähig □ verk. nur an den Arbeitstagen der Opelwerke
Ⓐ Zug verk. vom 25. V. bis 2. VI. u. vom 1. VII. bis 17. IX. ❶ D 468 verk. bis München nur vom 24. V. bis 1. VI. u. vom 30. VI. bis 16. IX., sonst nur bis Mainz Hbf

Auszug aus dem Deutschen Kursbuch 1939: 11.00 Uhr ab Köln Hbf.

Vor der Weiterfahrt nach Düsseldorf–Duisburg–Zevenaar wurden in Köln Hbf die Wasservorräte ergänzt.
Foto: Archiv Eduard Bündgen (Göllner)

crèmefarbene Salonwagen dieses Luxuszuges vor, nämlich die 1.-Klasse-Fahrzeuge 10 508 und 10 501 sowie den 2.-Klasse-Wagen 10 702. Daß man anläßlich der Olympischen Spiele im darauffolgenden Jahr den Einsatz des „Rheingold" vermißte, erklärt sich aus der überaus starken Publikumsnachfrage auf der Stammstrecke, die gerade 1936 den Einsatz der letzten Reserven erforderlich machte. Vielleicht hätte man ihn sonst auch in Berlin oder Garmisch-Partenkirchen gesehen.

Ausfahrt des FD 101 Richtung Hohenzollernbrücke.
Foto: Archiv Eduard Bündgen (Göllner)

„Unterwegs“ am Bahnübergang.
Foto: Archiv Eduard Bündgen

Umbaupläne gab es viele

Die damalige RBD Köln schlug im Herbst 1938 eine Trennung des Restaurationsbetriebes von den Fahrtgasträumen, d. h. den Umbau einiger 2.-Klasse-Fahrzeuge mit Küche zu Salonspeisewagen vor. Der Kriegsausbruch verhinderte jedoch das Vorhaben. Foto: Waggonfabrik Wegmann & Co.

Es mag interessieren, daß zwischen Hoek van Holland und der Schweiz die „obere“, d.h. die 1. Wagenklasse stärker in Anspruch genommen wurde als in den übrigen vom „Rheingold“ bedienten Relationen. Um Schwierigkeiten bei der Zugbildung aus dem Wege zu gehen, entschloß sich die Reichsbahn daher bereits im Jahre 1934 zum Umbau von drei SB 4 ü (nämlich der Wagen 10704, 10706 und 10710, früher 24504, 24506 und 24510) in kombinierte 1./2.-Klasse-Wagen, welche zudem noch eine kleine Küche erhielten. Die so veränderten Fahrzeuge mit der neuen Gattungsbezeichnung SAB4ü-28/34 boten 22 Fahrgästen in zwei Großräumen 2. Klasse und acht Personen in zusammen drei, von einem Seitengang aus erreichbaren Einzelabteilen 1. Klasse Platz. Sie gestatteten neben einer besseren Anpassung an die Nachfrage auch das Angebot aller drei Leistungen (beide Wagenklassen + Küche) in einem Fahrzeug und damit einen rationelleren Kurswageneinsatz.

Ebenso sehr wie die „Rheingold“-Wagen Ende der zwanziger und auch noch bis Mitte

der dreißiger Jahre den höchstmöglichen Leistungsstand repräsentierten, mußte sich die Reichsbahn in der Folgezeit Gedanken über die Wahrung der Attraktivität dieses Spitzenzuges machen; denn unterdessen war das rollende Material durch Zugang großer Stückzahlen moderner Schnellzugwagen erheblich verjüngt worden. Allein rund 100 bordeauxrote Mitropa-Speisewagen der Stahlbauart konnten innerhalb von 10 Jahren seit Einführung des „Rheingold" in Dienst gestellt werden. Und beim reisenden Publikum hatten sich insbesondere die etwa 60 formschönen, gediegen ausgestatteten Neubauwagen aus den Beschaffungsprogrammen ab 1935 gut eingeführt. Es war also an der Zeit, den Service des Luxuszuges zu überprüfen, was zu interessanten Aspekten führte:

In jedem der drei regelmäßig eingesetzten Zugparks liefen im allgemeinen zwei Wagen mit großer und ein Wagen mit kleiner Küche. Die Praxis ergab jedoch, wie auch durch Aussagen der Geschäftsführer in den Planzügen zu belegen ist, daß in Wirklichkeit meist nur eine Küche in Betrieb stand und von dort aus sämtliche Wagen versorgt wurden. Die folglich langen Transportwege für Speisen und Getränke, ständiges Aufstehen der Türen, Durchzugerscheinungen und Essensgeruch sollen ebenso wie gegenseitige Behinderung von nebeneinander sitzenden Reisenden in der 2. Klasse sowie dauerndes Stören durch laufende Kellner zu zahlreichen Beschwerden der Fahrgäste und des Personals geführt haben. Es verwundert daher nicht, daß die zuständige Reichsbahndirektion Köln im

Wegen seiner sehr unruhig wirkenden Deckengestaltung sollte dieser 1.-Klasse-Salonwagen zusammen mit drei weiteren „Rheingold"-Fahrzeugen im Winter 1939/40 modernisiert werden. Auch dieser Plan ließ sich nicht mehr realisieren.
Foto: Verkehrsmuseum Nürnberg

Oktober 1938 „dem Wunsche des reisenden Publikums, der Mitropa und auch der Reichsbahn selbst entsprechend“ einen von den übrigen Fahrgasträumen getrennten Restaurationsbetrieb vorschlug und zu diesem Zweck den Umbau einiger „Küchenwagen“ zu reinen Salonspeisewagen anregte.

Die Beschaffung neuer Fahrzeuge wurde in diesem Zusammenhang noch nicht als erforderlich angesehen. Jedoch vertraten alle beteiligten Stellen der DR einschließlich des Reichsverkehrsministeriums die übereinstimmende Auffassung, daß die „Rheingold“-Wagen nach zehn Jahren nicht mehr voll den zeitgemäßen Ansprüchen genügten.

Im Herbst 1938 ließ man bei Credé in Kassel den 2.-Klasse/Küchenwagen 10 711 in einen SAB 4 ü umgestalten. An ihm sollten nicht nur die neue Raumausstattung (in der 1. Klasse ein Gestühl „Muster Göring“ mit Weißpolster), sondern gleichfalls eine verbesserte, durch Überfangglas den Blicken entzogene Beleuchtung nach Art der Berliner Stadtbahn sowie neuzeitliche Be- und Entlüftungsanlagen erprobt werden. Darüber hinaus unterbreitete die RBD Köln Vorschläge für den Umbau der „Rheingold“-Salonwagen 10 503, 10 504, 10 701 und 10 702, die von den Linke-Hofmann-Werken in Breslau erbaut und durch die Firma Pintsch installiert worden waren. Vor allem stand eine völlige Umgestaltung der sehr unruhigen und optisch unschönen Innenverkleidung der Dächer an, die wegen ihrer längsbetonten, verschachtelten Form den vier Wagen intern den Namen „Sargdeckelwagen“ eingebracht hatten. Da vom Herstellerwerk eine Absage eintraf, wandte sich die Reichsbahn an die Firma Credé, die sich grundsätzlich bereit erklärte, den Umbau im Winterhalbjahr 1939/40 so vorzunehmen, daß mit Beginn des Sommerfahrplans 1940 alle vier Wagen wieder zur Verfügung gestanden hätten.

„Mit Rücksicht auf die derzeitigen Verhältnisse“ ließ das Reichsverkehrsministerium am 19. Oktober 1939 indessen verlauten, das Vorhaben müsse bis auf weiteres hinausgeschoben werden. Doch schon wenig später stand fest, daß mit der Modernisierung dieser und der übrigen 21 „Rheingold“-Sitzwagen vor Kriegsende nicht mehr zu rechnen war. In der Tat kam es nie zur Ausführung dieses Plans.

Nicht ausgeführt wurde offenbar auch eine Anordnung des Reichsverkehrsministeriums aus dem Jahre 1938, sämtliche „Rheingold“-Wagen „beschleunigt mit dem neuen Hoheitszeichen auszurüsten“. Es bedurfte dreier, zum Teil recht massiver Erinnerungsschreiben aus Berlin an die zuständige Reichsbahndirektion Köln. Und der Chronist weiß von Augenzeugen zu berichten, die wenige Tage vor Ausbruch des 2. Weltkrieges noch „Rheingold“-Wagen mit dem runden Reichsbahnadler gesehen haben.

Eines der ersten Opfer, die der 2. Weltkrieg forderte, hieß „Rheingold“. Für den grenzüberschreitenden zivilen Reiseverkehr gab es jetzt keinen Platz mehr. Und schon gar nicht für Luxuszüge. Plakatanschläge auf den Bahnhöfen zwischen Emmerich und Basel verkündeten die „vorübergehende Betriebseinstellung“ des FD 101/102. Daß es aber 12 Jahre dauern würde, ehe eine nur annähernd vergleichbare Verbindung wieder eingerichtet werden konnte, hatte im Herbst 1939 selbst der größte Skeptiker nicht für möglich gehalten.

Was aber geschah mit den Salonwagen, nachdem sie aus dem internationalen Regelverkehr zurückgezogen werden mußten? Nach dreimonatigem Stillstand tauchte der älteste B-Wagen ohne Küche (10 702) als Salon- und Aufenthaltsfahrzeug im Befehlszug „Äquator“ der Luftflotte 3 auf, der allerdings schon vor Mitte des Jahres 1941 wieder aufgelöst wurde.

Eine ähnliche Funktion fiel dem 2.-Klasse/Küchenwagen 10 719 ab 10. November 1939 im Sonderzug „Atlas“ des Oberkommandos der Wehrmacht (Keitel) zu. Hier währte der zweckfremde Einsatz mehr als drei Jahre: Erst Anfang 1943 löste der jugoslawische Salonwagen 407 seinen längst nicht mehr zweifarbigen Vorgänger ab. Hernach fanden sich beide „Rheingold“-Wagen, durch ihren seit Kriegsbeginn grünen Außenanstrich weniger auffallend, abgestellt in Wien. Überhaupt wendet sich der Blick für den auf den Spuren des einstigen Luxuszuges Wandelnden Anfang der vierziger Jahre in den Bezirk der damaligen Reichsbahndirektion Wien: Um sie gegen Feindeinwirkung zu schützen, waren die nicht in Sondereinsätzen befindlichen „Rheingold"-Wagen aus dem Westen abgefahren und in Purkersdorf und Loosdorf abgestellt worden.

Nach Auffassung des Reichsverkehrsministeriums in Berlin sollten im Laufe des Kriegsjahres 1943 auch die nicht genutzten, aber in gutem Pflegezustand gehaltenen „Rheingold"-Wagen für den allgemeinen Reisezugdienst nutzbar gemacht werden. Der Einsatz in ihrem seinerzeitigen Bauzustand wurde wegen zu geringer Platzzahl jedoch als unvertretbar angesehen. Kücheneinrichtungen und besondere Gepäckablagen hätten entfernt und die gewonnenen Räume mit Sitzbänken ohne Armlehnen und Kopfstützen versehen werden müssen. Ferner wären die Einzelsessel durch mehrsitzige, ebenfalls glatte Polsterbänke (mit Gepäcknetzen) zu ersetzen gewesen.

Vornehmlich die 1. Wagenklasse war es, auf die man glaubte verzichten zu können, doch keineswegs aufgrund mangelnder Inanspruchnahme. In der Tat fuhren 1942/43 mehr Binnenreisende in der 1. Klasse als jemals zuvor, weshalb in den wenigen verbliebenen Schnellzügen durchweg auch entsprechende Fahrzeuge mitgeführt wurden, selbst auf Nebenfernstrecken. Das dazu benötigte Wagenmaterial war vielmehr aus den besetzten Nachbarländern abgefahren und im innerdeutschen Verkehr eingesetzt worden, nachweislich in den Räumen Fulda, Gießen, Darmstadt, Mainz, Koblenz und Köln.

Tatsächlich legte das Reichsbahn-Zentralamt Berlin trotz vordringlicher anderer Arbeiten, wie Aufstellung der Grundrisse für Lazarettwagen, Katastrophenzüge, Kriegsgefangenentransportzüge und deren Herrichtung bzw. Beschaffung, ohne die Mitarbeit einer Waggonfabrik im Herbst 1943 Umbaugrundrisse für „Rheingold"-Fahrzeuge als „normale Reisezugwagen mit Polsterklasse" vor. Leitgedanke war dabei, mit einem Minimum an Arbeitsaufwand und Kosten ein größtmögliches Sitzplatzangebot zu schaffen.

Da auch nach Feststellung der Generalbetriebsleitung Ost in jenen Jahren kein fühlbarer Mangel an Polsterklassewagen bestand, sah das Reichsverkehrsministerium jedoch von einer Umrüstung der „Rheingold"-Wagen ab. Nur die Verwendung einzelner Wagen als Dienstfahrzeuge für Direktionspräsidenten oder ähnliche Zwecke wurde eingeräumt. Es war dies der letzte, heute noch nachweisbare Akteneintrag. Danach verlieren sich die Wege im Inferno der letzten Kriegsjahre.

„Vorübergehend eingestellt" wurde der Luxuszug Ende August 1939. Doch sollte die Betriebspause erheblich länger dauern.
Foto: Verkehrsmuseum Nürnberg

Das vorläufige Ende

Die verheerenden Folgen, die der Zweite Weltkrieg in Europa hatte, waren bei Beendigung der Kampfhandlungen im Mai 1945 kaum zu überschauen. In ihrem wahren Ausmaß sollten sie erst viel später erkennbar werden. Allein Deutschland hatte über 3 Millionen Gefallene zu beklagen, viele Millionen in Kriegsgefangenschaft und 10 Millionen Menschen heimatlos – Zahlen des unvorstellbaren Grauens.

Im Gebiet des damaligen Deutschen Reiches – d. h. innerhalb der Grenzen von 1937 – lagen rund 920 Millionen Kubikmeter umbauter Wohnraum und 380 Millionen Kubikmeter der öffentlichen Gebäude und Fabrikbauten in Schutt und Asche. Sämtliche Verkehrswege waren unterbrochen, rund 7600 Eisenbahn- und Straßenbrücken zerstört. Schienennetz, Sicherungsanlagen, Hochbauten und Fahrzeugpark befanden sich gleichermaßen in katastrophalem Zustand. Was vom Krieg verschont geblieben war, fiel teilweise noch der Demontage durch die Besatzungsmächte zum Opfer.

Das Rollmaterial und speziell der Reisezugwagenpark war schon durch die Feindseligkeiten zusammengeschrumpft. In dem verbliebenen Restbestand, der nicht zuletzt wegen Unterlassung dringend notwendiger Unterhaltungsarbeiten zum großen Teil unbenutzbar war, fand sich zudem eine Fülle verschiedener Bauarten, darunter auch manches Fahrzeug nichtdeutscher Herkunft.

Die erste und dringlichste Aufgabe bestand darin, trotz aller Verwüstungen das Leben von Millionen Menschen dadurch zu sichern, daß die Verkehrswege wieder in Gang gebracht wurden. Dabei lag die Hauptlast bei den Eisenbahnen, die über 70% der für die Volkswirtschaft benötigten Kapazitäten zur Verfügung stellen mußten. Das Tempo des Wiederaufbaus bestimmte indessen der zermürbende Mangel an Nahrungsmitteln, Bekleidung, Brennstoffen und Wohnraum, ebenso wie die Knappheit an sämtlichen Baustoffen.

Bei alledem bestand kaum Hoffnung, in absehbarer Zeit wieder in einigermaßen geregelten Verhältnissen leben zu können. Erinnern wir uns: Auf der Konferenz von Jalta war im Februar 1945 die Aufteilung Deutschlands in vier Zonen vereinbart und durch die Berliner Verlautbarungen vom 5. Juni 1945 vollzogen worden. Die Potsdamer Beschlüsse vom 2. August desselben Jahres brachten die Abtretung von Ostpreußen und danach auch der Gebiete östlich von Oder und Neiße, die Polen zur Verwaltung übertragen wurden. Zwischen dem westlichen Teil Deutschlands und der sowjetischen Besatzungszone ging in der zweiten Hälfte der vierziger Jahre der „Eiserne Vorhang“ auf einer Länge von 1800 km nieder. Nur an sechs Stellen blieb zwischen den beiden Hälften des geteilten Landes die Verbindung auf dem Schienenweg bestehen, an 47 Punkten jedoch wurde das Schienenband zerschnitten.

Die Folge war eine Verlagerung der Hauptverkehrsströme von der Ost-West- auf die Nord-Süd-Richtung, die auch in der 1949 aus den drei westlichen Besatzungszonen hervorgegangenen Bundesrepublik Deutschland dominierend bleiben sollte. Den vor dem Krieg schon stark befahrenen Rheinstrecken fiel dabei eine noch größere Bedeutung zu, nicht zuletzt im internationalen Verkehr.

Die anfänglichen Bemühungen um eine Wiederingangsetzung der Züge mußten verständlicherweise ohne Rücksichtnahme auf jedweden Komfort erfolgen. Man bedenke: Weit über 100 000 beschädigte Personen- und Güterwagen hatten sich allein im Verkehrsgebiet der heutigen Deutschen Bundesbahn angefunden. Angesichts der Menschenmassen in Güterzügen, auf Trittbrettern und Wagendächern mochte man im „Personenverkehr“ wohl eher von Transport als von Beförderung sprechen. 1.- und 2.-Klasse-Abteile konnten – von wenigen Ausnahmen abgesehen – zunächst überhaupt nicht angeboten werden. Und nicht selten begegnete man noch auf Jahre hinaus anstelle der früheren Polsterbestuhlung selbst in Eil- und Schnellzugwagen Lattensitzen, ähnlich denen der einstigen vierten Klasse, nur mit größeren Zwischenräumen zwischen den Holzbrettern.

Einigermaßen gut erhaltene bzw. die wenigen revidierten Fahrzeuge blieben fast ausschließlich den Besatzungsmächten vorbehalten, insbesondere in den „höheren“ Klassen. An Schlaf-, Speise- oder gar Salonwagendienste für den innerdeutschen zivilen Reiseverkehr war vorab nicht zu denken; es bestand auch keine Nachfrage.

1945 „reiste“ man in Güterwagen.
Foto: Deutsche Bundesbahn

Die Kölner Hohenzollernbrücke war, wie die Mehrzahl der übrigen Flußübergänge, zerstört. Deutschland lag in Trümmern.
Foto: Deutsche Bundesbahn

Zerschossen, ausgeraubt und doch wieder verwendbar

Unternimmt man angesichts der zerrütteten Verhältnisse des Jahres 1945 den zunächst aussichtslos erscheinenden Versuch, das Schicksal der „Rheingold"-Wagen in jenen Tagen aufzuklären, so gehört ein hohes Maß an sorgfältiger Kleinarbeit, vor allem aber eine Portion Glück dazu, auf Spuren des früheren Luxuszuges zu stoßen. Und gerade das widerfuhr dem Autor, als er unerwartet Hinweise eines Kriegsteilnehmers aus dem Bayerischen Wald und von dem Münchener Architekten R. Zehentmeier erhielt, dessen Vater zeitlebens in der Schreinerabteilung des Eisenbahn-Ausbesserungswerks Neuaubing tätig war. Vornehmlich diesen beiden Informanten ist es zu danken, daß hier wenigstens einzelne Stationen der wechselvollen Lebensgeschichte dieser Wagen nachgezeichnet werden können.

Nachweislich erfüllten gegen Ende des Krieges einige ehemalige Salonwagen Lazarett-Transportaufgaben. Hierbei muß es sich vornehmlich um ehemalige 1.-Klasse-Fahrzeuge gehandelt haben, deren lose Bestuhlung leicht entfernt werden konnte, wodurch größere Saalräume entstanden. Obwohl sich diese einigermaßen gut für die Aufstellung von Feldbetten eigneten, soll es jedoch Schwierigkeiten beim Einsatz der Wagen, vor allem beim Umbetten der Verletzten, gegeben haben, da sich die Einstiegstüren für Tragbahren oft als zu schmal erwiesen. Dennoch konnten derartige Krankentransporte im Bereich der damaligen Reichsbahndirektion Regensburg verschiedentlich beobachtet werden.

Man schrieb April 1945. Wie vielerorts, so lagen in diesen letzten Kriegstagen auch im Sudetenland die Bahnhöfe voller Verwundeter. Mitten in diesem Geschehen befan-

München, 1946: Der Salonwagen 10 508 ist kaum noch wiederzuerkennen. Allein die oberhalb der Fenster verbliebene Aufschrift „DEUTSCHE REICHSBAHN" erinnert an frühere Zeiten.
Foto: Dr. G. Scheingraber

In der Tschechoslowakei fanden sich nach dem Krieg nicht weniger als drei ehemalige „Rheingold"-Fahrzeuge, und zwar als nachmalige ČSD-Speisewagen 475 (Bild), 479 und 480.
Foto: Joachim Claus

den sich damals – in Eger bzw. Klattau – auch mindestens zwei abgestellte „Rheingold"-Wagen, in denen sich ausländische Diplomaten aufhielten, vor den angreifenden Tieffliegern geschützt durch Rot-Kreuz-Markierungen sowie eine weithin erkennbare CD-Kennzeichnung auf den Dächern.

Auch der folgende Augenzeugenbericht belegt die Begegnung mit einem solchen Wagen, und zwar auf den Gleisen der Station Zwiesel im Bayerischen Wald, etwa in der zweiten Mai-Hälfte. „Ziemlich unerwartet", so wird mitgeteilt, „stand dort ein offenbar als Kommando- oder Wohnfahrzeug gebrauchter ehemaliger ‚Rheingold'-Wagen, im Zugverband mit umgebauten offenen Güterwagen, auf denen Vierlings-Flakgeschütze installiert waren". Aus den Sitzen im Salon seien die Polster herausgeschnitten und die Teppiche gleichermaßen gewaltsam entfernt gewesen. Nur die Deckenlampen hätten noch keine Zeichen von Zerstörung erkennen lassen.

Und in den ersten Tagen nach Kriegsende sprach sich im Münchener Reichsbahn-Ausbesserungswerk Neuaubing herum, daß auf einem Nebengleis der Bahnstrecke nach Unterpfaffenhofen–Herrsching „Rheingold"-Wagen stünden, deren noch vorhandene Inneneinrichtung beim Einmarsch amerikanischer Truppen von Ausländern „erbärmlich demoliert" worden seien. Es waren in der Tat fünf bis sechs Originalfahrzeuge, mit zertrümmerten Wandverkleidungen und aufgerissenen Sitzpolstern. Daß die Schäden jüngsten Datums gewesen sein mußten, ließ sich aus den noch herumliegenden Einzelteilen herleiten.

Obwohl nur einzelne Mosaik-Steinchen, beweisen doch schon diese Schilderungen eine wirklich bewegte Vergangenheit der Fahrzeuge, wobei die Zeit nach dem 2. Weltkrieg kaum weniger interessant sein sollte als die einstigen „Luxusjahre" ab 1928. Wer hätte erwartet, daß sich anläßlich einer ersten Bestandsaufnahme die überwie-

In den US-Besatzungszügen liefen, etwa bis 1949/50, sechs ehemalige „Rheingold“-Wagen. Im Foto der SA 4 üK 10 507 (Einsatzbereich Frankfurt/M.). Foto: Dr. G. Scheingraber

Als „neuer Gesellschaftswagen“ mit zusätzlich angebrachter Schürze 1950 vorgestellt: der ehemalige 2.-Klasse-Wagen mit Küche 10 707.
Foto: Sammlung Deppmeyer

Gemäß HVB-Verfügung wurden 1951 fünf Wagen für die Verwendung in Fernschnellzügen grundüberholt und mit Einzelabteilen 1. und 2. Klasse ausgestattet. Foto: Dr. G. Scheingraber

gende Mehrzahl der früheren Salonwagen im heutigen Bundesgebiet anfand? Von den 26 „Rheingold"-Sitzwagen hatten 17 hier den Krieg überstanden. Auch alle drei Packwagen waren, mehr oder weniger einsatzfähig, erhalten geblieben. Zu exklusiver Verwendung bestand während der ersten Nachkriegsjahre allerdings kaum Gelegenheit.

Dafür liefen in den US-Besatzungszügen etwa bis 1949/50 die mit Küchen ausgerüsteten Wagen 10 501 und 10 507 (Einsatzbereich Frankfurt), 10 701 und 10 715 (Nürnberg) sowie 10 705 und 10 713 (München). Augenzeugen berichten darüber hinaus vom Einsatz einiger Ex-„Rheingold"-Fahrzeuge im Sonderzug des britischen Oberbefehlshabers für Österreich am Wiener Aspangbahnhof, dem damaligen britischen Eisenbahnkopf in der österreichischen Hauptstadt. Vom Bahnhof Meidling kommend, waren die ehemaligen Salonwagen zuvor jeweils auf den Gleisen der Wiener Verbindungsbahn zu sehen.

Infolge dringenden Bedarfs an Rollmaterial ließ die 1949 gegründete DSG insgesamt neun Ex-„Rheingold"-Fahrzeuge zu Speisewagen umrüsten. Im Bild WR 1230 (zuvor 10 501).
Foto: Wolfgang Böhme

Alle drei Packwagen überstanden die Kriegswirren. Das Foto zeigt den D 4 üe 105 003 (ex 90 203) der DB.
Foto: Wolfgang Illenseer

Im Mai 1974 in Kempten/Allgäu aufgenommen und bis November 1980 noch in DB-Diensten: der Gesellschaftswagen 51 80 89-43 522-7, zuvor 10 803, ehemaliger 2.-Klasse-/Küchenwagen 10 717 (24 517). Foto: Friedhelm Ernst

Auch gelangten einige „Rheingold"-Fahrzeuge nachweislich in die Tschechoslowakei. Bis 1968 wurden sie dort noch als ČSD-Speisewagen 475, 479 und 480 eingesetzt. Ob auch die dazwischen liegenden Nummern 476 bis 478 mit ehemaligen „Rheingold"-Einheiten belegt worden sind, ließ sich bisher nicht feststellen. Dem stünde zumindest die Aussage einer französischen Quelle entgegen, daß bei Kriegsende drei Wagen in der damals sowjetischen Zone Deutschlands verblieben und ein weiterer spurlos verschwunden sei. Doch läßt sich auch kein Beweis für die Richtigkeit dieser Meldung erbringen.

Aktenkundig ist hingegen, daß die Hauptverwaltung der Deutschen Reichsbahn im Vereinigten Wirtschaftsgebiet, also den drei Westzonen, im Sommer 1949 unter Berufung auf betriebliche Gründe den Ausbau der Küchenanlagen aus den drei Wagen SA4üK 10 507, SAB4ü 10 704 und SB4üK 10 709 anregte. Hierdurch sollten weitere Sitzplätze gewonnen werden. Da der Umbau grundsätzlich bei einer Waggonbauanstalt erfolgen sollte, wurde die Firma Wegmann & Co. in Kassel beauftragt, mehrere Vorschläge zu unterbreiten. Zwei der eingereichten Entwürfe sind insofern bemerkenswert, als sie unter Beibehaltung der alten Grundrisse den Einbau von 3.-Klasse-Abteilen vorsahen (also SC4ü-Wagen!): Die Drei-Wagen-Garnitur wollte man zu diesem Zweck so umgestalten, daß 12 Plätzen 1. Klasse in drei Einzelabteilen und 22 Plätzen 2. Klasse in einem Großraum des Wagens 10 507 115 Sitze der Holzklasse in den beiden anderen Wagen gegenübergestanden hätten. Alternativ schlug Wegmann den Einbau eines kleinen Wirtschaftsraumes an Stelle eines geschlossenen Sitzabteils 3. Klasse vor. Zu einem derartigen Umbau konnte man sich aus Wirtschaftlichkeitsüberlegungen jedoch nicht entschließen.

Vielmehr richtet sich der Blick schon bald auf die 1949 gegründete „Deutsche Schlafwagen- und Speisewagen-Gesellschaft" mbH (DSG), die dringend Rollmaterial benötigte. Ihr wurden im Frühjahr 1951 die ehemaligen „Rheingold"-Wagen 10 704, 10 705, 10 709 sowie 10 501, 10 507 und 10 508 zugesprochen. Sie sollten an die DSG vermietet und von ihr auf eigene Kosten als Speisewagen hergerichtet werden. Aus dieser Zeit stammt übrigens eine Studie, in der Anordnung der Tische und Sitzplätze völlig neue Wege zu beschreiten: Der Fahrgast sollte mit dem Rücken zum Fen-

Tabelle 2: Schicksal der nach 1945

Wagennummer (ab 1931)	Typenbezeichnung	Umbau zu
10 501	SA 4 üK-28	Speisewagen
10 507	SA 4 üK-28	Speisewagen
10 508	SA 4 ü-28	Speisewagen
10 701	SB 4 üK-28	Speisewagen
10 702	SB 4 ü-28	F-Zug-Wagen
10 703	SB 4 üK-28	Gesellschaftswagen
10 704	SAB 4 ü-28/34	Speisewagen
10 705	SB 4 üK-28	Speisewagen
10 706	SAB 4 ü-28/34	F-Zug-Wagen
10 707	SB 4 üK-28	Gesellschaftswagen
10 708	SB 4 ü-28	F-Zug-Wagen
10 709	SB 4 üK-28	Speisewagen
10 711	SAB 4 ü-28/39	F-Zug-Wagen
10 712	SB 4 ü-28	F-Zug-Wagen
10 713	SB 4 üK-29	Speisewagen
10 715	SB 4 üK-29	Speisewagen
10 717	SB 4 üK-29	Gesellschaftswagen
105 001	SPw 4 ü-28	Packwagen
105 002	SPw 4 ü-28	Packwagen
105 003	SPw 4 ü-28	Packwagen

Zusammengestellt mit freundlicher Unterstützung durch Herrn Joachim Deppmeyer, Uelzen

in Deutschland verbliebenen Vorkriegs-„Rheingold“-Wagen

Sitzplätze	DSG-/DB-Betriebsnummer	DB-Bauart	1. Bezeichnung nach UIC	Bezeichnung nach UIC (1976)	Bezeichnung nach UIC (Stand 1983)	Bemerkungen
30	1230, ab 1966 10 230	WRüg(e)[151]	51 80 88–46 230-5	–	–	ausgemustert April 1968
30	1231, ab 1966 10 231	WRüg(e)[151]	–	–	–	ausgemustert Juli 1966
30	1232, ab 1966 10 232	WRüg(e)[151]	51 80 88–46 232-1	–	51 80 08–43 022-6	ausgemustert November 1970, durch FEK gekauft und 1971 äußerlich restauriert; einsatzfähig
36	1234, ab 1966 10 234	WRüg(e)[151]	51 80 88–40 234-3	–	–	ausgemustert Oktober 1967
51	11 355	Büe[355]	51 80 28–43 100-6	–	–	ausgemustert Oktober 1968 als 2.-Klasse-Wagen
*)	10 801	WGüke[822]	51 80 89–43 520-1	50 80 89–43 520-2	50 80 09–43 020-0	ausgemustert Februar 1978, durch FEK gekauft und 1978 äußerlich restauriert; einsatzfähig
36	1236, ab 1966 10 236	WRüg(e)[151]	51 80 88–46 236-2	–	–	ausgemustert Juni 1967
36	1237, ab 1966 10 237	WRüg(e)[151]	51 80 88–46 237-0	–	–	ausgemustert Juli 1967
51	11 356	Aüe[303]	51 80 18–43 040-6	50 80 18–43 040-7	50 80 02–43 040-5	ausgemustert Juni 1972, durch FEK gekauft und 1973 äußerlich restauriert, Februar 1981 an Intraflug; einsatzfähig
*)	10 802	WGüke[822]	51 80 89–43 521-9	51 80 89–43 521-9	51 80 02–43 021-4	ausgemustert November 1980, durch Intraflug gekauft und voll aufgearbeitet; einsatzfähig
51	11 357	Aüe[305]	51 80 18–43 060-4	50 80 18–43 060-5	50 80 02–43 060-3	durch FEK 1970 äußerlich restauriert, ausgemustert Dezember 1982, durch Intraflug gekauft; einsatzfähig
36	1238, ab 1966 10 238	WRüg(e)[151]	51 80 88–46 238-8	–	–	ausgemustert November 1966
51	11 358	Aüe[304]	51 80 18–43 050-5	–	–	ausgemustert März 1969
51	11 359	Aüe[305]	51 80 18–43 061-2	50 80 18–43 061-3	50 80 02–43 061-1	durch FEK 1970 äußerlich restauriert, ausgemustert Dezember 1982, durch Intraflug gekauft; einsatzfähig
36	1235, ab 1966 10 235	WRüg(e)[151]	51 80 88–40 235-0	–	–	ausgemustert August 1973, äußerlich restauriert; KBE-Bahnhofsgaststätte in Bonn-Tannenbusch Mitte
36	1239, ab 1966 10 239	WRü(e)[151]	51 80 88–46 239-6	50 80 09–50 901-0	50 80 09–50 901-0	ausgemustert April 1973, durch VBV gekauft und wieder als WR eingesetzt, Oktober 1983 an Intraflug; einsatzfähig
*)	10 803	WGüke[822]	51 80 89–43 522-7	51 80 89–43 522-7	51 80 02–43 023-0	ausgemustert November 1980, durch FEK gekauft und als Pullman-Wagen restauriert; einsatzfähig
–	105 001	Düe[949]	51 80 92–43 310-2	–	50 80 09–43 021-8	ausgemustert August 1968, durch FEK bei VBV gekauft und 1971 äußerlich restauriert; einsatzfähig
–	105 002	Düe[922]	51 80 92–43 001-7	50 80 92–12 001-5	–	ausgemustert Juli 1977 als Düe[949]
–	105 003	Düe[949]	51 80 92–43 311-0	–	–	ausgemustert September 1971

*) übliche DB-Gesellschaftswagen-Ausstattung, auch mit loser Bestuhlung einsatzfähig

1963 in einem Eilzug bei Buchloe entdeckt: B 4 üe 11 355 (ex 10 702, zuvor 24 502), der einzige Wagen, den die Deutsche Bundesbahn mit Abteilen der (heutigen) 2. Klasse ausgestattet hatte.
Foto: Dr. G. Scheingraber

ster an kleinen runden Tischen sitzen, mit Blickrichtung jeweils zur Mitte des Wagens hin.

Tatsächlich bauten Hansa-Waggon und die DSG-Werkstätte in Hamburg-Langenfelde die genannten Fahrzeuge noch im selben Jahr zu Speisewagen um, doch in der traditionellen Raumaufteilung. Ferner rüstete man dort den 2.-Klasse/Küchenwagen 10 715 als WR her, dem als letzte 1956 die SB 4 üK 10 701 und 10 713 folgten, so daß bei der DSG seither neun ehemalige „Rheingold"-Einheiten (1230–1232 und 1234–1239) im Dienst standen. Diese, wie alle anderen DSG-Fahrzeuge, bordeauxroten Wagen rüstete man später in der Mehrzahl noch mit Gummiwülsten an Stelle der früher gebräuchlichen Faltenbälge an den Stirnseiten aus. Anfang 1977 zählte hiervon indessen keiner mehr zum Einsatzbestand.

Doch begegnet der aufmerksame Beobachter am Bahnhof Bonn-Tannenbusch Mitte noch heute dem einstigen „Rheingold"-Salonwagen 24 513. In seiner nach dem 2. Weltkrieg eingebauten Speisewagen-Bestuhlung dient er dort als provisorische Bahnhofsgaststätte der KBE. Originellerweise hat er zu diesem Zweck wieder einen violett-crèmefarbenen Außenanstrich erhalten.

Der Speisewagen-Umlauf Köln–Berlin Stadtbahn und zurück in D 109/110 wurde Mitte der sechziger Jahre meist aus früheren „Rheingold"-Fahrzeugen gebildet, wie hier dem WR 4 üge 1234 (ex SB 4 üK 10 701, zuvor 24 501) im Januar 1966 bei Berlin-Wannsee.
Foto: R. Thalheim

Ihre längste Nutzung bei der Deutschen Bundesbahn erfuhren die Anfang der fünfziger Jahre als sogenannte „Tanzwagen“ für Sonderfahrten hergerichteten ehemaligen SB 4 üK 10703, 10707 und 10717. Als Gesellschaftswagen WG 4 ük 10801 – 10803 in den Betriebsmittelpark eingereiht, erhielten auch sie einen roten Außenanstrich und wurden 1968 gemäß UIC-Kodex erneut umgezeichnet. Dabei waren sie über viele Jahre hinweg, bis zu ihrer Außerdienststellung, den Einsatzdirektionen Frankfurt (Main), Essen und München zugeteilt. Im Zuge der Einführung eines neuen Erscheinungsbildes erhielt der letztgenannte ehemalige „Rheingold“-Wagen sogar noch die heute allgemein übliche äußere Farbgebung ozeanblau/beige.

Forschen wir weiter nach dem Verbleib der übrigen Luxus-Salonwagen, so stoßen wir auf eine Verfügung vom September 1951. Darin hatte die Hauptverwaltung der DB angeordnet, für den Einsatz im neugeschaffenen „blauen“ F-Zug-Netz auch die ehemaligen „Rheingold“-Wagen 10702, 10706, 10708, 10711, 10712 und einen sechsten (welchen?) mit Seitengang und Einzelabteilen der 1. und 2. Klasse herzurichten. Gemeinsam mit entsprechend umgestalteten F-Zug-Wagen der Verwendungsgruppen 29, 35 und 39 liefen diese bis in die zweite Hälfte der fünfziger Jahre hinein im Fernschnellzugdienst, darunter nachweislich in den Plänen der damaligen Spitzenzüge „Rheingold“ und „Rhein-Pfeil“ bzw. abwechselnd mit der Wegmann-Garnitur auch im „Blauen Enzian“ München–Hamburg.

Nachdem Mitte der fünfziger Jahre 26,40-m-Neubauwagen zum Einsatz kamen, erübrigte sich für die langsam alternden „Rheingold“-Veteranen eine weitere Verwendung im qualifizierten Reisezugdienst. Sie wurden folglich mit einem grünen Außenanstrich versehen und so in Eil- und Nahschnellverkehrszügen, gleichermaßen jedoch als Verstärkungswagen in Schnellzügen bzw. Begleitwagen für Tages-Autoreisezüge, z. B. zwischen Düsseldorf und Karlsruhe, eingesetzt. Übrigens erhielten sie, weil mittlerweile die Gruppe 10700 mit Büfettwagen zu

Oben: Selbst in Meß- und Versuchszügen der DB begegnete man gelegentlich einem Wagen des alten „Rheingold“, wie hier dem Münchener Gesellschaftswagen bei Testfahrten mit der Mehrfrequenzlok 181 207 im Jahr 1976.
Foto: Ralf Roman Rossberg

Unten: Nach Ausmusterung durch die DB übernahm der Freundeskreis Eisenbahn Köln Anfang 1971 den letzten noch vorhandenen einstigen 1.-Klasse-„Rheingold“-Wagen. Die Aufnahme, mit durchgestrichener UIC-Nummer, entstand im Bww Köln-Deutzerfeld
Foto: Friedhelm Ernst

Unten: Ein ehemaliger „Rheingold"-Packwagen im Zugverband mit ISG-Material, deutschen und dänischen Schnellzugwagen 1947 als „Nord-Expreß" Kopenhagen–Paris auf der Insel Fünen. Foto: John Poulsen

Darunter: Bis zu seiner Ausmusterung zugelassen auf 17 europäischen Staatsbahnnetzen: der Pw 4 üe 105 001 (ex 90 201). Die Aufnahme zeigt ihn ohne Zugführerkanzel, mit Drehgestellen weiterhin im Eigentum der Deutschen Bundesbahn, als VBV-Fahrzeug Ende 1970 in Braunschweig. Foto: Bernd-Otto Gessner

belegen war, noch vor 1960 die Nummern 11 355–11 359 und wurden alle fünf noch nach den UIC-Richtlinien kodifiziert. Der erste von ihnen hatte sogar eine Umwandlung in die heutige 2. Klasse erfahren und dürfte damit bis zu seiner Ausmusterung im Jahre 1968 wohl der geräumigste B-Wagen der Deutschen Bundesbahn gewesen sein! (vgl. hierzu Tabelle 2, Seite 60/61).

Bleiben noch die Packwagen, die durch fünf Jahrzehnte fast unbeachtet als „Lastenträger" Verwendung fanden. Auch sie liefen mitunter in bevorzugten Diensten, wie z. B. 1947 im wiedererstandenen „Nord-Expreß" zwischen Kopenhagen und Paris oder in späteren Jahren von Bremen aus in innerdeutschen Schnellzügen. Mit unverkennbaren Verschleißerscheinungen versah der letzte schließlich bis 1977 untergeordnete Aufgaben im Bezirksverkehr rund um Dortmund, Hagen (Westf.) und Köln, ohne Dachkanzel und selbstverständlich auch ohne das früher übliche separate Zollabteil.

Dem Phönix aus der Asche gleich

Erinnern wir uns noch? Eineinhalb Jahre nach der Kapitulation Deutschlands, am 17. Dezember 1946, gab es erstmalig wieder eine direkte Zugverbindung Hoek van Holland–Rotterdam–Eindhoven–Köln und weiter über die linke Rheinseite nach Mannheim und Basel. Ganze 22 Stunden (!) dauerte die Fahrt. Eine Vielzahl von Langsamfahrstellen, zeitraubende Grenzkontrollen und der Einsatz unterschiedlichen Lokomotiv- und Wagenmaterials, das noch deutlich die Spuren der Kriegsjahre zeigte, erlaubten keine höhere Reisegeschwindigkeit. Während der sehr kalten Wintermonate konnte der Zug infolge Kohlenknappheit sogar nur zweimal wöchentlich verkehren. „Für den innerdeutschen Verkehr nicht zugelassen außer 3. Klasse zwischen Basel Bad. Bf. und Mannheim“ hieß es zudem noch längere Zeit in den Fußnoten und Zuglaufspalten der Reichsbahn-Kursbücher für das britische, amerikanische bzw. französische Besatzungsgebiet. Allein die Bezeichnung FD 163/164 erinnerte an weniger sorgenvolle Zeiten.

Erst die Währungsreform im Jahr 1948 und der darauffolgende wirtschaftliche Gesundungsprozeß im Westen Deutschlands schufen die Grundlagen für eine merkliche Wiederbelebung des zivilen Reiseverkehrs. So konnte im Sommer 1949 auch das Fernschnellzugpaar Niederlande–Schweiz beschleunigt und wieder in Tageslage gebracht werden. Nur ein Jahr später wurde der Anschluß an die Gotthardzüge wiedergewonnen; der Fahrplan wies dabei bereits Kurswagen 1./2./3. Klasse nach München, Frankfurt (M.), Genua und Rom aus.

Zum 20. Mai 1951 wartete schließlich die aus der Reichsbahn in den drei westlichen Besatzungszonen hervorgegangene Deutsche Bundesbahn mit der für jene Zeit sensationellen Ankündigung eines „Rheingold-Expreß“ auf. (London–) Hoek van Holland–Rotterdam DP–Eindhoven–Kaldenkirchen–Köln–Bonn–Mainz–Mannheim–Basel Bad. Bf. verkündeten seine Zuglaufschilder. Zur Bedienung der früheren „Rheingold“-Stammstrecke nördlich Köln war ein in der Domstadt anschließender Flügelzug F 263/264 über Duisburg–Arnheim nach Amster-

In den ersten Nachkriegsjahren: noch ungedeckte Bahnsteighallen, doch der Fernschnellzug nach Basel verkehrte schon wieder. Foto: Kenner/DB

Gediegen wirkten die 1951 für den „Rheingold-Expreß" generalüberholten Abteile in den ABC 4 üwe der Reihe 214 000; hier ein Blick in die damalige 2. Klasse.
Foto: Bundesbahndirektion Karlsruhe

dam geschaffen worden. Er führte („Rheingold-Expreß"-) Kurswagen aus der niederländischen Metropole nach Chur, dem Kantonshauptort Graubündens, und Erstfeld am Fuße der Gotthard-Nordrampe. Ebenso liefen direkte Wagen ab Hoek van Holland via Rotterdam–Eindhoven–Köln bis Wien und ins Südtiroler Land nach Meran. In erster Linie waren es Zielorte in bekannten Fremdenverkehrsgebieten, die der neue „Rheingold-Expreß" bediente. Gerade deshalb begrüßten die Reisenden die schon vor 1939 als angenehm empfundene, nun wieder eingeführte Erledigung aller Grenzformalitäten während der Fahrt. Wer vor der deutschen Grenzstation aussteigen wollte, mußte in einem besonders gekennzeichneten, nicht kontrollierten Wagen Platz nehmen. Dieses Verfahren bewährte sich, und in der Tat erwies sich der Zug als attraktiver Konkurrent gegenüber dem schnell wachsenden Autoverkehr. „Der alte Glanz blieb freilich verblaßt", bemerkte Ralf Roman Rossberg damals über den Wiedererstandenen. Und damit sollte er – zumindest vorläufig – recht behalten.

Obwohl ja 17 der einstmals 26 Salonwagen sowie alle drei Packwagen des alten Luxuszuges die Kriegswirren überdauert hatten und in den Bestand der Bundesbahn übernommen werden konnten, wollte diese sich nicht zu einer Wiederverwendung auf der angestammten Route entschließen. Vielmehr hatte sie 23 wesentlich leichtere,

Im Rahmen einer Presse-Vorstellungsfahrt des „Rheingold-Expreß" am 16. Mai 1951 gibt der Generaldirektor der Deutschen Bundesbahn, Dr.-Ing. h.c. Helberg, in Mannheim Hbf den Abfahrauftrag.
Foto: Deutsche Presse-Agentur, Sammlung Wedde

windschnittige Schnellzugwagen der letzten Vorkriegsserie (Gruppe 39), darunter sechs ehemalige 2./3.-Klasse-Fahrzeuge, aus dem gesamten Bundesgebiet im Heimatbahnhof Köln Bbf. zusammengezogen und für den neuen Verwendungszweck einheitlich als dreiklassige ABC 4 üwe umgestalten lassen. Alle Abteile und Seitengänge erhielten dabei Läufer auf dem Fußboden, die Polstersitze waren neu bezogen worden; der Außenanstrich, nunmehr ganz in Blau, durch silberfarbene Absetzleisten und die Eigentumsbezeichnung „DEUTSCHE BUNDESBAHN“ in erhabenen Lettern ergänzt, wich wohltuend vom tristen Grün-Grau jener Tage ab.

Als grundlegende Neuheit ist auch das Angebot von Plätzen 3. Klasse im Nachkriegs-„Rheingold-Expreß“ anzusehen. Wie bescheiden waren die Ansprüche geworden! In den zehn Wagen einer jeden Zugeinheit, die im Regelfall zum Einsatz gelangte, standen den nur 32 Plätzen 1. und den 96 in der 2. Klasse nicht weniger als 320 kunstlederbezogene Sitze 3. Klasse gegenüber (das Zehnfache der Ersten!). Dabei bildete die DB den Zug anfänglich durchweg aus den 21,25 m langen, 40,9 t schweren Sitzwagen der Reihe 214 000 (Gattung ABC 4 üwe). Erst in den folgenden Jahren kamen, zur besseren Anpassung an den Bedarf, noch reine 3.-Klasse-Wagen bzw. einzelne kombinierte 1./2.-Klasse-Einheiten hinzu (vgl. hierzu Tabelle 3, Seite 68/69).

Einer Tradition des „Rheingold“ entsprach übrigens die Mitführung von Packwagen. Hierzu erhielten die besterhaltenen Fahrzeuge der Gruppe 37 und kurz darauf auch einige Stromlinienwagen (Gruppe 39) Seitengänge, verschließbare Zollabteile sowie den passenden blauen Außenanstrich. Die letztgenannten „Schürzenwagen“ entstammten dabei dem Sonderbereitschaftspark der vormaligen Reichsregierung. Wieder grün lackiert, waren sie fast ausnahmslos noch bis Mitte der siebziger Jahre vorhanden. Als Kuriosum sei vermerkt, daß ausgerechnet im „Hellas-Expreß“ Dortmund–Athen noch im Frühjahr 1971 ein blauer Packwagen (Typenbezeichnung Düse[942]) beobachtet werden konnte, der von 1951 bis 1958 im Fernschnellzug 163/164 Verwendung gefunden hatte.

„Selbstverständlich führt jeder ‚Rheingold-Expreß‘ einen Speisewagen mit, der ebenfalls in blauem Farbton gespritzt ist“, berichtete nach der Vorstellungsfahrt Köln–Mannheim am 16. Mai 1951 die Kölner Tagespresse. Aber keineswegs um des einheitlichen Erscheinungsbildes willen stellte damals die ISG diesen Wagen in ihrer blauen Einheitsfarbe. Vielmehr war der am 20. Mai 1925 zwischen ihr und der Reichsbahn geschlossene Vertrag (der die Schlaf-, Speise- und Salonwagen-Dienste Niederlande–Deutschland–Schweiz im wesent-

Oben: Die Deutzerfelder 03 066 mit F 164 „Rheingold-Expreß“ im nördlichen Vorfeld des Bahnhofs Bonn (1953).
Foto: Carl Bellingrodt

Darunter: Zweimal Dampf – zweimal Vergangenheit: F 164 bei St. Goar und (im Hintergrund) einer jener Radschlepper, die das Flußbild wesentlich prägten. Foto: Deutsche Bundesbahn

Tabelle 3: Blaue „Rheingold-Expreß"-Wagen der Deutschen Bundesbahn ab 1951

(bei den Sitzwagen handelt es sich ausnahmslos um Fahrzeuge der windschnittigen Bauart, d. h. sog. „Schürzenwagen")

Wagen-nummer	Typen-bezeichnung	Länge über Puffer	Sitzplätze	Erbauer	Liefer-jahr	1955 umgenummert in	DB-Bauart	Bezeichnung nach UIC ab 1. 10. 1966	Bezeichnung ab 1. 1. 1976 (V_{max} = 120 km/h)
214 002						14 502		51 80 38–40 100-7	50 80 38–10 100-4
214 005						14 505		51 80 38–40 101-5	–
214 007				Westwaggon		14 507	ABüe^{334}	51 80 38–40 102-3	50 80 38–10 102-0
214 009						14 509		–	–
214 011						14 511		51 80 38–40 103-1	–
214 014				Bautzen		14 514	ABüe^{335}	51 80 38–40 120-5	50 80 38–10 120-2
214 016				Westwaggon		14 516	ABüe^{334}	51 80 38–40 104-9	–
214 017						14 517		51 80 38–40 105-6	–
214 019					1940	14 519	ABüe^{335}	51 80 38–40 121-3	–
214 020				Bautzen		14 520		51 80 38–40 106-4	–
214 021						14 521		51 80 38–40 107-2	–
214 022	ABC 4 üwe-39/51	21,25 m	4/12/40	Wumag, Görlitz		14 522		51 80 38–40 108-0	–
214 023						14 523		51 80 38–40 109-8	–
214 024				Westwaggon		14 524	ABüe^{334}	51 80 38–40 110-6	–
214 025				Wumag, Görlitz		14 525		51 80 38–40 111-4	50 80 38–10 111-1
214 032				Westwaggon		14 532		51 80 38–40 113-0	–
214 040					1942	14 540		–	–
214 046						14 546	ABüe^{335}	51 80 38–40 122-1	50 80 38–10 122-8
214 050				Talbot		14 550		51 80 38–40 123-9	50 80 38–10 123-6
214 052					1943	14 552		51 80 38–40 114-8	–
214 063						14 563	ABüe^{334}	51 80 38–40 115-5	–
214 065						14 565		51 80 38–40 116-3	–
19 264					1939	17 466		51 80 29–40 200-6	–
19 272				Uerdingen/MaK		17 469		51 80 29–40 201-4	–
19 291						17 470		51 80 29–40 202-2	–
19 309						17 508		51 80 29–40 205-5	50 80 29–10 164-1
19 348	C 4 üwe-38/53	21,27 m	72			17 512	Büe^{366}	–	–
19 412				Westwaggon/MaK	1940	17 532		–	–
19 422						17 537		51 80 29–40 206-3	50 80 29–10 165-9
19 443				Fuchs/MaK		17 540		51 80 29–40 207-1	–
19 464				Steinfurt/MaK		17 566		51 80 29–40 208-9	–
19 516					1942	17 574		51 80 29–40 209-7	–
11 658				Credé/Hansa				51 80 17–40 014-5	–
11 673								51 80 17–40 018-6	–
11 686				Linke-Hofmann				51 80 17–40 021-0	–
11 689	AB 4 üe-38/56	21,82 m	8/30		1940	–	Aüe^{310}	51 80 17–43 041-5	50 80 17–11 041-0
11 699				Linke-Hofmann/Hansa				51 80 17–40 024-4	–
11 702				Credé				51 80 17–40 025-1	50 80 17–10 025-8
105 654								51 80 95–40 180-9	–
105 659	Pw 4 üe-37/51	21,72 m	–	Linke-Hofmann	1937	–	Düe^{942}	51 80 95–40 181-7	–
105 680								51 80 95–40 182-5	–

Zusammengestellt mit freundlicher Unterstützung durch Herrn Joachim Deppmeyer, Uelzen

Ausmusterung	Bemerkungen
Juli 1978	
Oktober 1976	
März 1979	
Oktober 1964	
Dezember 1971	
November 1976	geliefert als BC 4 ü 215511
Januar 1974	
Oktober 1976	
November 1972	
Februar 1974	geliefert als BC 4 ü 215513
August 1977	geliefert als BC 4 ü 215519
Januar 1975	geliefert als BC 4 ü 215536
September 1970	geliefert als BC 4 ü 215537
März 1967	
Januar 1982	geliefert als BC 4 ü 215541; seit 1984 im DB-Museumsbestand
Juli 1967	
Januar 1965	
Juli 1977	
Februar 1978	
November 1973	
September 1973	
Januar 1975	
Juli 1975	
Oktober 1973	
April 1977	
Juni 1978	
September 1960	
Januar 1963	
Januar 1979	
August 1970	
November 1973	
Juli 1971	
Februar 1976	
Februar 1977	
Juli 1977	
Dezember 1982	seit 1984 im DB-Museumsbestand
Oktober 1977	
Dezember 1982	von Eisenbahnfreunden gekauft und weiterhin eingesetzt
Juli 1977	
Februar 1979	
November 1982	

lichen der damaligen Mitropa zuerkannt hatte) am 20. Juli 1940 einseitig von der DR „bis auf weiteres" außer Kraft gesetzt und nach Ablauf der vereinbarten 18jährigen Vertragsdauer im Sommer 1943 nicht verlängert worden. Die unter Einbeziehung früheren Mitropa-Vermögens 1949 in der Bundesrepublik gegründete „Deutsche Schlafwagen- und Speisewagen-Gesellschaft mbH" (DSG) hatte also keinerlei Rechtsgrundlage für eine Betätigung im „Rheingold-Expreß" nachweisen können. Sie mußte infolgedessen ihrer in den ersten Nachkriegsjahren von den Besatzungsmächten bevorzugten Konkurrentin hier zunächst das Feld überlassen, bis der Budapester Vertrag 1954 eine Interessenabstimmung brachte und die DSG im wesentlichen wieder in die Vorkriegsrechte der früheren Mitropa einsetzte.

Für heutige Begriffe mutet eine Reisegeschwindigkeit von 67,2 km/h, wie sie der „Rheingold-Expreß" 1951 aufzuweisen hatte, recht niedrig an; dasselbe gilt für einen Vergleich mit der Vorkriegszeit, als der Fahrplan beinahe 20 km mehr pro Stunde vorsah. Doch brachte der blaue F 164 die Reisenden über Köln und die Rheinstrecke immerhin 1½ Stunden früher nach Basel SBB als der „Edelweiß" auf seinem weiter westlich verlaufenden Weg über Brüssel–Luxemburg–Straßburg. Und darin lag schon ein erheblicher Wettbewerbsvorteil, gerade für Transitpassagiere zwischen England oder den Niederlanden und der Schweiz bzw. Italien.

Dennoch sollte dies nur der Anfang einer systematischen Verbesserung des Schienenschnellverkehrs in und durch Deutschland sein. Um eine noch raschere, vor allem aber komfortablere Beförderung ihrer wieder als „Kunden" zu betrachtenden Reisenden zu gewährleisten, beantragte die DB bereits wenige Monate nach Indienststellung des stark frequentierten neuen F 163/164 auf der Europäischen Fahrplan-Konferenz einen zweiten, allerdings nur aus Wagen der beiden (oberen) Polsterklassen und dem bereits vom „Rheingold-Expreß" bekannten Packwagen gebildeten Fernschnellzug Hoek van Holland–Basel. Dieser hatte wohl

Bis Mai 1955 stellte die ISG den Speisewagen im „Rheingold-“ bzw. „Loreley-Expreß“. Foto: Deutsche Bundesbahn

Die schmucke Wagengarnitur ist soeben von Süden her in Basel Bad. Bf. eingetroffen. Mit Rücksicht auf die begrenzte Tragfähigkeit der alten Rheinbrücke, besorgten in den fünfziger Jahren planmäßig leichte Tenderlokomotiven den Zugförderungsdienst zwischen den beiden Baseler Bahnhöfen.
Foto: Bundesbahndirektion Karlsruhe

dieselben Schiffsanschlüsse von und nach England, erreichte durch Einsparen einiger Halte und Verkürzung der Aufenthaltszeiten jedoch nahezu zwei Stunden früher sein Ziel Basel und dort noch wertvolle Anschlüsse weiter nach Süden, während in der entgegengesetzten Richtung die fast 1½ Stunden kürzere Fahrzeit ein Hinausschieben der Abfahrt vom schweizerischen Grenzbahnhof auf den Mittag ermöglichte.

Der Erfolg gab schon damals der Deutschen Bundesbahn recht; denn neben dem dreiklassigen „Rheingold-Expreß“ und dem seit 1949 zwischen Arnheim und München via Duisburg–Köln–Mannheim verkehrenden F 107/108 wuchs wieder das Interesse an raschen Tagesverbindungen ohne die 3. Wagenklasse. Hatte sich schon der mit Vorkriegs-Schnelltriebwagen bediente Kurs Dortmund–Basel (Ft 7/8), der spätere „Rheinblitz“, gut beim Publikum eingeführt, so wurden die zum Sommerfahrplan 1952 eingerichteten Schwesterzüge „Rhein-Pfeil“ (F 9/10 Basel–Hoek van Holland mit Kurswagen Basel–Köln–Dortmund, F 21/22 [Innsbruck–] München–Dortmund mit Kurswagen [Innsbruck–] München–Köln–Hoek van Holland) gleichermaßen zum festen Bestandteil des neu aufgebauten F-Zug-Netzes.

Ein Merkmal der Zugpaare F 9/10 und F 21/22 bestand darin, daß sie zwei Jahre hindurch zwischen Köln und Mainz vereinigt fuhren. Dies mag die anfängliche Beschränkung des im Münchner Zweig laufenden DSG-Speisewagens auf Frankfurt (Main) bzw. Mainz erklären. Neben einer geringeren Zuglast auf der stark belasteten Mittelrheinstrecke dürfte aber gleichermaßen die Tatsache eine Rolle gespielt haben, daß die Internationale Schlafwagen-Gesellschaft bis Mai 1955 den Stammzug auf seinem ganzen Lauf zwischen Basel und den Niederlanden bewirtschaftete. Vielleicht hätte man den aus (Kufstein–) München kommenden roten WR nicht erst zum Jahresfahrplan 1954/55 bis Dortmund verlängern, sondern ihn schon früher in ein- und derselben Garnitur neben dem blauen (ISG-) Speisewagen verkehren lassen und dem Gast auf Grund der gebotenen Leistungen die Wahl freistellen sollen. Bedarf für mehr als 36 Speisewagenplätze zu den Mahlzeiten hätte es zweifellos gegeben, doch ließen die Bindungen an die ISG eine solche offene Konkurrenz einfach nicht zu.

Aber zusehends entkrampfte sich das historisch unnötig belastete Verhältnis der beiden Gesellschaften zueinander im Laufe der folgenden Jahre und machte den Weg zu einer vernünftigen Arbeitsteilung frei.

„Typenreinheit" 1952 im Koblenzer Hauptbahnhof: Der „Rheingold-Expreß" mit blauen Schürzenwagen und ISG-WR, eingerahmt von einem Eiltriebwagen nach Limburg (Lahn), einem Personenzug mit vierachsigen Abteilwagen, abfahrbereit in Richtung Köln, und einem aus preußischen D-Zug-Wagen gebildeten Schnellzug nach Trier.
Foto: Carl Bellingrodt

Der bereits erwähnte Vertrag von Budapest, inzwischen mehrfach ergänzt, bildete dabei einen guten Anfang. Und seither ist es Aufgabe der Deutschen Schlafwagen- und Speisewagen-Gesellschaft, auch in den internationalen Tageszügen am Rhein für das leibliche Wohl zu sorgen. Hier setzte sie stets ihre besten Fahrzeuge ein, darunter die mit Sonderbestuhlung hergerichteten, 23,50 m langen, früheren DR-Repräsentationswagen 1226 (vierachsig) und 1227 (einziger sechsachsiger DSG-WR), und zwar vornehmlich in der Relation München–Dortmund. Erst als Anfang der sechziger Jahre Neubau-Speisewagen geliefert wurden, trat eine Änderung ein.

Trotz der dominierenden 3. Wagenklasse strahlte der Zug – hier geführt von der 03 1053 bei Bacharach – eine ungewohnte Exklusivität aus.
Foto: Carl Bellingrodt

Im Gegensatz zu Koblenz war die Bahnsteighalle in Basel Bad. Bf. erhalten geblieben. Sie wurde erst 1982/83 durch einzelne Perrondächer ersetzt. Neben dem F 9 (Aufnahme im Juni 1952) beachte man rechts im Hintergrund den artreinen badischen Personenzug.
Foto: Bundesbahndirektion Karlsruhe

Der Kurswagen Erstfeld–Amsterdam hinter der Gotthard-Lok 12 335 in Arth-Goldau. Foto: Kurt Eckert

Doch blenden wir zurück nach 1953: Den Namen „Rhein-Pfeil" vermißt der aufmerksame Beobachter schon nach Ablauf eines Jahres wieder; die Züge selbst, sowohl zwischen Basel und Hoek van Holland als auch von München nach Dortmund bzw. umgekehrt, blieben allerdings erhalten und erschienen seit Beginn des Jahresfahrplans 1953/54 beide als „Rheingold-Expreß". Der bislang unter dieser Bezeichnung verkehrende dreiklassige F 163/164 hieß nun „Loreley-Expreß". Bei weitgehend gleicher Fahrtroute und denselben Schiffsanschlüssen von bzw. nach Harwich bildeten alle drei Fernschnellzüge als „Rheingold-Bündel" jedoch weiterhin eine betriebliche Einheit.

Die Namensänderung war übrigens auf Wunsch der Britischen Eisenbahnen erfolgt, nachdem die Begriffe „Rheingold" und „Rhein-Pfeil" namentlich in England immer wieder zu Verwechslungen geführt hatten. Diesem Argument, das auch von den Niederländern unterstützt wurde, konnte sich die Deutsche Bundesbahn nicht verschließen.

Die Instandsetzung des Oberbaues war zwischenzeitlich soweit fortgeschritten, daß der mit Kurswagen Hoek van Holland–Basel–Rom ausgestattete „Rheingold-Expreß" bereits im Sommer 1953 wieder seine Vorkriegsgeschwindigkeit auf der fast 800 km langen Strecke Basel–Hoek van Holland erreichte: In der Süd-Nord-Richtung gegen-

Die ehemalige Stromlinienlokomotive 01 1059 führt den ausnahmsweise aus nur fünf Wagen bestehenden F 163 durch Schwetzingen. Foto: Carl Bellingrodt

über dem Vorjahr um 48 Minuten beschleunigt, benötigte er noch 10¾ Stunden, einen neu eingerichteten Halt in Koblenz eingeschlossen. Die vereinigte Führung beider Zweige auf der landschaftlich reizvollen Mittelrheinstrecke Köln–Mainz konnte ein Jahr später endgültig aufgegeben werden. Was blieb, waren zwei auf ihrem gesamten Lauf (Basel–Hoek van Holland bzw. München–Dortmund) selbständige Fernschnellzüge gleichen Namens, die im Kölner Hauptbahnhof ihre Kurswagen austauschten. In Anlehnung an den Vorkriegs-Luxuszug verwendete die DB ab 1954 übrigens wieder die Bezeichnung „Rheingold" (ohne den Zusatz „Expreß"). Und vier Jahre später, zum Sommer 1958, erschien auch der Name „Rheinpfeil" wieder, diesmal in einem Wort geschrieben und allein für das F-Zug-Paar 21/22 München–Dortmund.

Nach der recht mühevollen, aber erfolgreichen Phase des Wiederaufbaues stellten sich für die Eisenbahnen unter dem wachsenden Konkurrenzdruck der Straße, über größere Entfernungen auch aus der Luft, in den fünfziger Jahren neue Aufgaben. Es galt nun, die Öffentlichkeit zu umwerben und sich ihr als modernes, den gestiegenen Ansprüchen gerecht werdendes Verkehrsmittel zu präsentieren. Hierzu bot die Deutsche Verkehrsausstellung 1953 in München eine willkommene Gelegenheit. Das neue Leistungsbild der DB schloß dabei im wesentlichen folgende Teilbereiche ein:

- Verbesserung des Oberbaues durch Anwendung der Schweißtechnik in Verbindung mit dem Einbau von Betonschwellen,
- Sicherung der Schienenwege über die Drucktastentechnik (Gleisbildstellwerke),
- raschere, sauberere und vor allem wirtschaftlichere Betriebsabwicklung durch Strukturwandel in der Zugförderung, und schließlich
- Einsatz neuzeitlichen Wagenmaterials im Personen- und Güterverkehr.

Viele werden sich dieser einmaligen Leistungsschau erinnern, auf der für die wei-

In der zweiten Hälfte der fünfziger Jahre sah man gelegentlich auch Diesellokomotiven vor „Rheingold" und „Rheinpfeil", wie hier die V 200 027 am 13. April 1958 an der Spitze des F 9 in Mannheim. Ab Sommerfahrplan 1959 führten F 9/10 zusätzlich einen Kurswagen von und bis Chur.
Foto: Helmut Röth

tere Entwicklung so bedeutende Ausstellungsstücke gezeigt wurden wie die als Baureihe 18^6 modernisierte Vierzylinder-Dampflokomotive vom bayer. Typ S 3/6, die erste elektrische Probelok vom Baumuster E 10^0, eine 2000-PS-Diesel-Streckenlokomotive V 200, die V 80 mit Wendezugeinrichtung, eine neue Schnelltriebwagenreihe VT 08/VT 12 für den innerdeutschen und internationalen Verkehr und schließlich auch der Uerdinger Schienenbus VT 95 als Retter so mancher Nebenstrecke. Zu nennen sind aber auch die nach Kruckenbergschen Plänen geschaffenen Gliedertriebzüge (die sich nicht bewährten), ferner die für den F-Zug „Blauer Enzian" hergerichtete Wagengarnitur des einstigen Henschel-Wegmann-Zuges, und neben einer Vielzahl von Spezial-Güterwagen nicht zuletzt einige 26,40 m lange Neubau-Reisezugwagen, die seither zu Tausenden von den Waggonfabriken geliefert wurden und bis in die achtziger Jahre das Bild der DB-Fernzüge bestimmten.

Die modernisierten Vorkriegs-Schnellzugwagen der Bundesbahn hatten sieben Jahre hindurch den Anforderungen im internationalen Reiseverkehr auf der „Rheingold"-Route genügt. Nun aber, im Jahr 1958, hielt man die Zeit für gekommen, auch sie durch die bekannten 26,40 m langen Neubaufahrzeuge mit gummiwulstgeschützten Stirnübergängen, Übersetzfenstern, ausziehbaren Sitzen und Leselampen (letztere nur in der oberen Wagenklasse) abzulösen. Insbesondere für den „Loreley-Expreß" bedeutete dies ein höheres Maß an Freizügigkeit bei der Zugbildung, was in fünf zusätzlichen Kurswagenläufen (Luzern/Zürich/Interlaken Ost-Amsterdam und Hagen/Dortmund–Venlo–Hoek van Holland) sowie der Verlängerung des DSG-Speisewagens über Basel hinaus bis und ab Luzern zum Ausdruck kam. Allerdings sollten die direkten Wagen nach und von Luzern, Zürich und Interlaken nur ein Jahr lang im F 163/164 verkehren. Und auch der Speisewagen blieb ab 1959 wieder auf Basel beschränkt. Gleichzeitig aber erhielt der Zug einen zweiklassigen Wagen Hoek van Holland–Rom, der den bisher im „Rheingold" gefahrenen Kurswagen 1. Klasse ablöste. (Wie alle europäischen Eisenbahnen war auch die DB 1956 zum Zweiklassensystem übergegangen. Seither führen die Sitzwagen des „Loreley-Expreß" bzw. „Loreley" 1. und 2. Klasse, während der „Rheingold" allein aus Wagen erster Klasse und Speisewagen gebildet wurde.)

Blättert man in alten Kursbüchern, so fällt im Jahresfahrplan 1958/59, später hingegen nicht mehr, die Führung des „Loreley-Expreß" über Ludwigshafen Hbf. auf. Der Grund liegt darin, daß Fortschritte in der Elektrifizierung ab Juni 1958 einen durchgehenden Einsatz elektrischer Lokomotiven von Basel über Karlsruhe bis in den alten linksrheinischen Kopfbahnhof ermöglichten. Folglich überquerten F 163/164 auch bei Mannheim anstatt wie bisher in Mainz Süd den Strom und nahmen ihren Weg über Worms. Im nächsten Jahr aber war die lange erwartete Ludwigshafener Verbindungskurve endlich fertiggestellt. Zugleich erreichte der Fahrdraht auf der linken Rheinstrecke den westdeutschen Verkehrsknoten Köln. Damit verlegte die DB auch den „Rheingold", der bislang noch in Mannheim die Fahrtrichtung wechselte und über die Riedbahn fuhr, auf die damalige Strecke 274 (heute 551). Beide F-Zug-Paare wurden nun zwischen Köln und dem Schweizerischen Bundesbahnhof in Basel durchgehend elektrisch bespannt.

Hatte die Umstellung am Oberrhein schon 1958 Fahrzeitgewinne von 54 bzw. 66 Minuten für den „Loreley-Expreß", beim „Rheingold" wegen einstweiliger Beibehaltung von Mannheim als Kopfstation hingegen (nur) bis zu einer halben Stunde gebracht, so ergaben sich mit Beginn des Sommerfahrplans des Jahres 1959 erneut erhebliche Zeitvorteile bei beiden Zügen, die zwischen 56 und 70 Minuten lagen. Ganze 8 Stunden und 52 Minuten benötigte der F 9 jetzt noch zur Bewältigung der Gesamtstrecke; und selbst der zweiklassige F 163 blieb drei Minuten unter der Zehn-Stunden-Grenze. Solche Reisegeschwindigkeiten hatte es zu Zeiten der Dampftraktion freilich niemals gegeben.

Wie war das übrigens, als noch mit Dampf gefahren wurde? Erinnern wir uns noch? Eine schöne Zeit, sagen viele. Und sie mögen – zumindest was das äußere Bild anbetrifft – recht haben. Den Bahnbetriebswerken Köln Bbf., Deutzerfeld, Ludwigshafen und Offenburg oblag die Bespannung der Züge aus der „Rheingold"-Gruppe. Dabei kamen planmäßig nur Einheitslokomotiven zum Einsatz: am Mittel- und Oberrhein die Baureihen 01 und 03 ebenso wie die einstigen Stromlinienmaschinen 01^{10} und 03^{10}. Ein gewisses Eigendasein führte demgegenüber die erst nach dem 2. Weltkrieg vorübergehend zur „Rheingold-Rollbahn" avancierte Flachlandstrecke 246 (seit 1972 460) Köln–Mönchengladbach–Niederlande. Hier begegnen wir zwischen 1951 und 1954 der Schnellfahr-Güterzuglokomotive Baureihe 41 des Bw Mönchengladbach vor den langen F 163/164. Später waren es dann die Einheits-Pazifik-Typen und – wenige Jahre vor der Umstellung auf die neuzeitlichen Traktionsarten – vornehmlich die DB-Neubaulok Reihe 23, oftmals in Doppeltraktion.

Eine merkwürdige Besonderheit jener Zeit sollte nicht unerwähnt bleiben: In den ersten Nachkriegsjahren übergab bzw. übernahm die Deutsche Bundesbahn ihre Züge nicht, wie das heute üblich ist, im niederländischen Knotenbahnhof Venlo, sondern in dem kleinen Ort Kaldenkirchen,

Auf der Flachlandstrecke Köln–Kaldenkirchen führten Güterzuglokomotiven der Baureihe 41 den „Rheingold-Expreß". Foto: Deutsche Bundesbahn

Die niederländische 3923 vor F 164 im Grenzbahnhof Kaldenkirchen. Foto: Carl Bellingrodt

„Fahrt frei" in den Nebeltag. Die 3915 wird den „Rheingold-Expreß" sicher ans Ziel bringen. Foto: L. Albers

Oben: Von der niederländischen Metropole aus fuhr 1951 bis 1962 ein Flügelzug zum „Rheingold-Expreß“ über Utrecht–Arnheim–Oberhausen–Düsseldorf nach Köln. Das Foto erinnert an die kraftvolle Ausfahrt aus Amsterdam CS. Foto: L. Albers

Darunter: Mit der Aufschrift „Fröhliche Pfingsten“ auf den Witte-Windleitblechen führt die mit neuem Kessel versehene 01 130 den Flügelzug F 21 aus München durch den Spessart.
Foto: Carl Bellingrodt

diesseits der Grenze. Da hier keine Lokbehandlungsanlagen vorhanden waren, mußte im freien Feld eigens ein Wendedreieck geschaffen werden, das sich noch bis Mitte der fünfziger Jahre in Betrieb befand. Ehe der elektrische Fahrdraht mit 1500 V Gleichstrom, von Eindhoven kommend, im Laufe des Jahres 1956 Venlo erreichte, wendeten auf dem „Kaldenkirchener Dreieck“ auch die NS-Lokomotiven, so z. B. die schon in den dreißiger Jahren vor dem damaligen „Rheingold“ eingesetzten Dampflok der Baureihe 3900, die seit 1951 die Fernschnellzüge 163/164 zogen. Der ein Jahr später eingeführte „Rhein-Pfeil“ genoß allerdings eine bevorzugte Behandlung. Er fuhr, ebenso wie seine Nachfolger, schon 1952 mit deutschen Maschinen bis und ab Venlo, wo ihn die 3900 übernahm.

Vereinbarungen zwischen den beiden Nachbarländern bestimmten schließlich 1961 die aus betrieblicher Sicht am besten geeignete Station Venlo zum Gemein-

Nach Beendigung ihrer Dienste im „Rheingold" bzw. „Rheinpfeil": der einzige sechsachsige DSG-Speisewagen 1227 in einem CDU-Wahlsonderzug 1965 in Bonn und der nachmalige ABüe ^{334} 50 80 38–10 111-1 (ex 214 025) in grüner Farbgebung Ende 1980 in Stuttgart. Fotos: Friedhelm Ernst (1965), Klaus Müller (1980)

schaftsbahnhof. Seither vollziehen sich Lok- und Personalwechsel, ebenso wie die Zollbehandlung im Güterverkehr, ausschließlich auf niederländischer Seite. Die Dampflokomotiven der Baureihen 03 und 23 haben Venlo noch erlebt. Auch fuhren zweimal am Tag bis hierhin die „siamesischen Zwillinge" (zwei gekuppelte DB-Dieselloks V 100) vor den Fernschnellzügen „Loreley-" und „Austria-Expreß". Selbst die ersten im Bereich der Bundesbahndirektion Köln eingesetzten dieselhydraulischen Mehrzwecklokomotiven V 160 061–064 fanden hier am Niederrhein Verwendung und zogen neben den bereits genannten den Saison-Nachtzug „Hoek-Basel-Expreß" zwischen Venlo und Köln. Aber auch das ist längst vorbei. Heute verkehren elektrische Einheitsloks der DB auf der seit 1968 elektrifizierten Strecke 460 (früher 246). Der grenzüberschreitende Einsatz von Mehrstromlokomotiven – technisch ohne weiteres möglich – blieb bislang jedoch eine Wunschvorstellung.

Ab 1962 wieder exklusiv

Anknüpfend an die Erfahrungen mit dem luxuriös ausgestatteten Vorkriegszug, erteilte die Leitung der Deutschen Bundesbahn 1960 dem Zentralamt Minden (Westf.) den Auftrag, einen neuen, modernen Wagenpark speziell für den „Rheingold" zu entwickeln, der „aus der Zahl der Fernschnellzüge herausgehoben, bereits eine gewisse Tradition verkörpert". Die Fahrzeuge sollten die Standardlänge von 26,40 m erhalten, dementsprechend eine Breite von 2,825 m aufweisen, auf dem Netz der DB in elektrisch geförderten Zügen verkehren und hierbei bis zu 160 km/h Höchstgeschwindigkeit erreichen. An Modernität, Komfort und Innenausstattung aber wollte man alle bisherigen Fahrzeuge der Deutschen Bundesbahn übertreffen.

Stellvertretend für die an der einjährigen Entwicklungsarbeit beteiligten Ingenieure ist hier der Name des langjährigen Reisezugwagen-Dezernenten beim BZA Minden (Westf.), Dr.-Ing. A. Mielich, zu nennen. Ihm gebührt nicht nur das Verdienst, das international anerkannte neuzeitliche „Gesicht" des DB-Wagenparks maßgeblich beeinflußt zu haben. Er zeichnet weitgehend auch für die 1962 von der Waggonbauindustrie gelieferten Neubauwagen verantwortlich, die den „Rheingold" wieder zum absoluten Spitzenreiter unter den deutschen Komfortzügen werden ließen.

Außer den bereits am Bau des Vorkriegszuges beteiligt gewesenen Firmen Credé und Wegmann, beide in Kassel, betraute die Bundesbahn die Waggon- und Maschinenbau GmbH in Donauwörth (WMD) mit den Fertigungsarbeiten. Die unter Federführung der DSG entwickelten Speisewagen entstanden hingegen in den Spandauer Werken von Orenstein & Koppel, Berlin.

Bei der Konstruktion konnten und mußten die mit den TEE-Triebwagen der Baureihe VT 11^5 gesammelten Erfahrungen Berücksichtigung finden, wobei nach Auffassung des Autors die Rückkehr zum lokbespannten Zug als wichtigste Entscheidung anzusehen ist. Auch hatte eine Umfrage der Deutschen Bundesbahn unter 20 000 Reisenden Aufschluß über Gestaltungswünsche des Publikums beim Neubau von Reisezugwagen gebracht, die es bei der Planung zu berücksichtigen galt. 25% der befragten Personen hatten sich für Wagen mit offenen Großräumen, aber 75% für ge-

Probefahrt des von der DB neu entwickelten „Rheingold" am 23. Mai 1962 bei Denzlingen. Hinter der Lok E 10 1240 ein blauer 26,40 m-Wagen 1. Klasse und einer der wenigen „Schürzen"-Schlafwagen für das Begleitpersonal.
Foto: Hans-Wolfgang Scharf

Die auffälligste Neuerung bestand 1962 in der Einführung des sog. „Dome-Car“, eines bislang nur in Amerika, Frankreich und Italien verwendeten Wagentyps.
Foto: Deutsche Bundesbahn

schlossene D-Zug-Abteile ausgesprochen. Folglich wich man bei einem ersten Entwurf – wenigstens teilweise – von der „klassischen Pullman-Einrichtung“ ab und sah sowohl Wagen mit Vier- und Zweiplatzabteilen als auch solche mit Zweiplatzabteilen und Großräumen vor. Diese Pläne scheiterten jedoch an Bedenken der schweizerischen und der niederländischen Eisenbahnen, die das Sitzplatzangebot je Wagen als zu gering empfanden.

Daraufhin stellte die DB ihre Planungen um, und es gelangten insgesamt vier Wagentypen zur Ausführung, darunter zwei Sitzwagen-Varianten: ein Seitengangtyp mit neun 2,322 m tiefen Abteilen zu je sechs Plätzen (zusammen also 54) und ein Großraumwagen mit Mittelgang und 16 Sitzreihen in der Platzaufteilung 2 + 1 (zusammen 48 Sitze). Als dritter wurde ein bislang nur in Amerika und als „Panoramatriebwagen“ in Italien und Frankreich verwendeter Typ gebaut: der Aussichtswagen mit 22 Plätzen in einer erhöht angeordneten, verglasten Kuppel. Auch eine Bar, zwei sechssitzige Seitengangabteile, Gepäckraum, Zugsekretariat, Telefonkabine sowie ein Maschinen- und Geräteraum für die Klimaanlage wurden hier untergebracht. Hinzu kam schließlich noch der mit 48 Plätzen verhältnismäßig große Speisewagen, übrigens die erste WR-Nachkriegsentwicklung der DSG für den zivilen Reiseverkehr. Unter besserer Ausnutzung des lichten Raumes bildete man ihn im Wirtschaftsteil zweistöckig aus, d. h. Küche und Spülraum kamen übereinander zur Anordnung. Entwickelt und gebaut wurden zunächst:

10 Seitengangwagen mit Einzelabteilen, Av 4 üm-62,

5 Großraumwagen mit Dreh-Neigesesseln, Ap 4 üm-62,

3 Aussichtswagen (sog. „Dome-Cars“), AD 4 üm-62,

2 Großraum-Speisewagen, WR 4 üm-62 (vgl. Tabelle 4, Seite 82/83).

Das äußere Erkennungsmerkmal des „Rheingold"-Großraumwagens Ap 4 üm-62 besteht in den vergleichsweise schmalen Seitenfenstern.
Foto: Dr. G. Scheingraber

Um den 26,40 m langen Neubau-Speisewagen mit 48 Plätzen ausstatten zu können, mußte der Wirtschaftsteil (links im Bild) zweistöckig ausgeführt werden.
Foto: Deutsche Bundesbahn

Sie reichten aus zur Bildung zweier kompletter „Rheingold"-Garnituren mit einem Angebot von 307 Sitzen, das sich durch Verstärkungswagen noch vergrößern ließ.

Alle Fahrzeuge sind als Ganzstahlwagen konstruiert worden. Die Drehgestelle der bewährten Bauart Minden-Deutz (2,50 m Achsstand) erhielten wegen Heraufsetzung der zulässigen Höchstgeschwindigkeit auf 160 km/h zusätzlich noch Magnetschienenbremsen. Eine zentral schaltbare Klimaanlage noch dem Prinzip „Jettair" sorgte für gleichbleibende, angenehme Innentemperatur. Während die hierzu benötigte Heizenergie in Form von Dampf oder elektri-

schem Strom aus der Lokomotive bezogen wurde, stammte Kälte aus besonderen Anlagen in den Wagen selbst.

Als Neuheit sind ferner wärmereflektierende, goldbedampfte bzw. graue Doppelscheiben zu erwähnen, die bis zur Hälfte der ultravioletten Strahlen absorbieren. In den Abteilwagen und im WR betrug die Fensterbreite (wie vor dem Krieg in der „alten" 1. Klasse) 1,40 m. Um im Großraumwagen jedermann möglichst gleichgute Sicht zu bieten, wurde dort die Zahl der Außenwandfenster denen der Sitzreihen entsprechend gewählt. Hieraus ergab sich eine (völlig ausreichende) Fensterbreite von 90 cm.

Besonders großzügig ist das Wageninnere gestaltet worden: Sämtliche Abteile erhielten Edelholzfurnierauskleidung, während in den Nebenräumen, einschließlich der Toiletten, Kunststoffplatten Verwendung fanden. In den Abteilwagen ließen sich die sehr bequemen, mit Webestoffen in geschmackvollen Farben überzogenen Sitze verstellen. Zwei einander gegenüberliegende Plätze bildeten dabei im Endzustand eine Liegestatt. Die Neigesessel der Großraumwagen entsprachen mehr den bekannten Flugzeugsitzen. Mit Drehvorrichtungen versehen, ließen sie sich in die jeweilige Fahrtrichtung bringen. Als Wendesitze ausgebildet waren auch 18 der insgesamt 22 Fauteuils im Aussichtswagen.

Großen Wert legte man auf gute Lichtverhältnisse. So wurden, anders als bei herkömmlichen D-Zug-Wagen, die Abteile zu den Seitengängen hin durch Türen abgegrenzt, die bis zum Fußboden hinunter aus Glas bestanden. Und bei allen vier Typen fanden helle Leuchtstoffröhren Verwendung. Auch die Leselampen an jedem Platz und die beleuchteten Spiegel in den geräu-

Ein Novum stellte der „Dome-Car" mit seiner verglasten Aussichtskanzel dar.
Foto: Deutsche Bundesbahn

Tabelle 4: „Rheingold“-Neubauwagen 1962/63

(später gebaute TEE/IC-Wagen sind keine speziellen „Rheingold“-Fahrzeuge, obwohl sie auch in diesem Zug zum Einsatz kamen)

Wagennummer bei Lieferung	Typenbezeichnung	ursprünglich geplant als	Wagentyp	Länge über Puffer	Sitzplätze	Erbauer	Lieferjahr	1. Bezeichnung nach UIC	Bezeichnung nach UIC (Stand 1983)
10 401	Av 4 üm-62	SA 4 üms 10 401	Abteilwagen	26,40 m	54	WMD, Donauwörth	1962	61 80 19–80 001-9	61 80 19–94 001-3
10 402		SA 4 üms 10 402						61 80 19–80 002-7	61 80 19–94 002-1
10 403		SA 4 üms 10 403						61 80 19–80 003-5	61 80 19–94 003-9
10 404		SA 4 üms 10 404						61 80 19–80 004-3	61 80 19–94 004-7
10 405		SA 4 üms 10 405						61 80 19–80 005-0	61 80 19–94 005-4
10 406		SA 4 üms 10 406						61 80 19–80 006-8	61 80 19–80 006-8
10 407		SA 4 üms 10 407						61 80 19–80 007-6	61 80 19–94 007-0
10 408		SA 4 üms 10 408						61 80 19–80 008-4	61 80 19–94 008-8
10 409		SA 4 üms 10 409						61 80 19–80 009-2	61 80 19–94 009-6
10 410		SA 4 üms 10 410						61 80 19–80 010-0	61 80 19–94 010-4
10 411	Av 4 üm-63	–					1963	61 80 19–80 011-8	61 80 19–94 011-2
10 412		–						61 80 19–80 012-6	61 80 19–80 012-6
10 413		–						61 80 19–80 013-4	61 80 19–94 013-8
10 414		–						61 80 19–80 014-2	61 80 19–94 014-6
10 415		–						61 80 19–80 015-9	61 80 19–94 015-3
10 416		–						61 80 19–80 016-7	61 80 19–94 016-1
10 417		–						61 80 19–80 017-5	61 80 19–94 017-9
10 418		–						61 80 19–80 018-3	61 80 19–94 018-7
10 419		–						61 80 19–80 019-1	61 80 19–94 019-5
10 420		–						61 80 19–80 020-9	61 80 19–94 020-3
10 421		–						61 80 19–80 021-7	61 80 19–94 021-1
10 422		–						61 80 19–80 022-5	61 80 19–94 022-9
10 501	Ap 4 üm-62	SA 4 ümm 10 421	Großraumwagen		48	Credé, Kassel	1962	61 80 18–80 001-0	61 80 18–94 001-4
10 502		SA 4 ümm 10 422						61 80 18–80 002-8	61 80 18–94 002-2
10 503		SA 4 ümm 10 423						61 80 18–80 003-6	61 80 18–94 003-0
10 504		SA 4 ümm 10 424						61 80 18–80 004-4	61 80 18–94 004-8
10 505		SA 4 ümm 10 425						61 80 18–80 005-1	61 80 18–94 005-5
10 506	Ap 4 üm-63	–					1963	61 80 18–80 006-9	61 80 18–94 006-3
10 507		–						61 80 18–80 007-7	61 80 18–94 007-1
10 508		–						61 80 18–80 008-5	61 80 18–94 008-9
10 509		–						61 80 18–80 009-3	61 80 18–94 009-7
10 510		–						61 80 18–80 010-1	61 80 18–94 010-5
10 511		–						61 80 18–80 011-9	61 80 18–94 011-3
10 551	AD 4 üm-62	SDA 4 üm 10 431	Aussichtswagen		49	Wegmann, Kassel	1962	61 80 81–80 001-2	51 80 09–80 201-9
10 552		SDA 4 üm 10 432						61 80 81–80 002-0	51 80 09–80 202-7
10 553		SDA 4 üm 10 433						61 80 81–80 003-8	51 80 09–80 203-5
10 554	AD 4 üm-63	–					1963	61 80 81–80 004-6	51 80 09–80 204-3
10 555		–						61 80 81–80 005-3	51 80 09–80 205-0
101*)	WR 4 üm-62	SDWR 4 üm (DSG)	Speisewagen		48	Orenstein & Koppel, Berlin	1962	61 80 88–80 001-5	–
102*)		SDWR 4 üm (DSG)						61 80 88–80 002-3	–
11 103	WR 4 üm-63	–					1963	61 80 88–80 003-1	–
11 104		–						61 80 88–80 004-9	–
11 105		–						61 80 88–80 005-6	51 80 09–80 102-9

*) später 11 001 bzw. 11 002

Zusammengestellt mit freundlicher Unterstützung durch Herrn Joachim Deppmeyer, Uelzen

Bauart (1983)	Bemerkungen
Avmh$^{111.0}$	
Avmh$^{111.3}$	nicht für 200 km/h hergerichtet
Avmh$^{111.0}$	
Avmh$^{111.3}$	nicht für 200 km/h hergerichtet
	vorübergehend 61 80 19–73 013-3
Avmh$^{111.0}$	vorübergehend 61 80 19–73 017-4
	vorübergehend 61 80 19–70 251-2
Apmh$^{121.0}$	
	vorübergehend 61 80 18–73 010-0
	vorübergehend 61 80 18–73 011-8
WGh	ausgemustert 12. 76 → Apfelpfeil → TE Panorama
–	ausgemustert 4. 81
–	ausgemustert 4. 81
–	ausgemustert 4. 81
–	ausgemustert 4. 81
WGh	ausgemustert 7. 80 → EK, Freiburg

Oben: 48 Plätze bietet jeder der klimatisierten Großraumwagen.
Foto: Deutsche Bundesbahn

Darunter: Innenansicht eines Speisewagens, Baujahr 1962.
Foto: Deutsche Bundesbahn

migen Toiletten sollen nicht unerwähnt bleiben. Zu einem gediegenen Eindruck trugen darüber hinaus die in den Abteilen und den Durchgängen liegenden Veloursteppiche bei.

An den Stirnseiten der über die Puffer vorgezogenen Einstiegräume kamen gummiwulstgeschützte Übergänge zum Einbau, wobei selbstöffnende und -schließende

Das rundum verglaste Aussichtsabteil des „Dome-Car" mit Blick nach allen Seiten. Foto: Michael Hill

Stirnwandtüren ein hohes Maß an Schutz vor Zugluft boten. Durch UIC-Drehfalttüren betrat der Fahrgast von außen die Wagen. War im Zugverband nur eine dieser Türen nicht geschlossen, zeigten kleine Signallampen dies nach außen an – eine außergewöhnliche Neuheit in den frühen sechziger Jahren. Berücksichtigt man die vielen Besonderheiten der neuen „Rheingold"-Wagen, so verwundert ihr relativ geringes Gewicht: „Leichtester" war mit 44,3 t der Seitengangtyp Av 4 üm, nur 0,2 t mehr wog jedes Großraumfahrzeug der Gattung Ap 4 üm. Lediglich der Aussichtswagen (51,4 t) und der Speisewagen (54,0 t) reichten gewichtsmäßig an die fast 35 Jahre älteren Vorgänger heran.

Im Gegensatz zu den Vorkriegsfahrzeugen hatten die wesentlich längeren „Rheingold"-Neubauten des Jahres 1962 glatte Außenwände ohne aufgesetze Zierleisten. Die Fenster lagen in einem crèmefarbenen Band, das vom Dachansatz bis etwa 8 cm unter die Fensterunterkante reichte. Der übrige Wagenkasten wurde blau, die anschließende „Schürze" grau lackiert, und das Dach erhielt einen hell-silberfarbenen Anstrich. Lediglich in den doppelstöckig ausgeführten Partien von „Dome-Car" und Speisewagen befanden sich die Fenster nicht auf der üblichen Höhe. Um den Gesamteindruck nicht zu beeinträchtigen, liefen die Farbstreifen jedoch durch. Trug der frühere „Rheingold" den Zugnamen in erhabenen Lettern zweimal auf jeder Wagenseitenwand, so begnügte man sich jetzt damit, die (aluminiumeloxierten) Buchstaben unterhalb der Aussichtskuppel anzubringen. Anstonsten trugen die „Blau-Gelben" nur die Eigentums-Embleme der DB bzw. DSG.

Aus jenen Jahren stammen auch mehrere Skizzen des heutigen Bundesbahn-Design-Center und ihres Leiters, Prof. Emil Schuh, für eine neue elektrische „Rheingold"-Lok mit der Baureihenbezeichnung E 11. Eine leichte Anlehnung an italienische und französische Gestaltungsprinzipien ist dabei unverkennbar. Doch gelangte keiner dieser Entwürfe zur Ausführung.

Aus Kostengründen entschieden sich die Verantwortlichen der DB vielmehr für eine mit zahlreichen Verbesserungen ausgestattete Variante der bewährten E 10^1. Durch Änderung des Getriebe-Übersetzungsverhältnisses von 1:2,11 auf 1:1,915 erreichte man die geforderte Höchstgeschwindigkeit von 160 km/h. Anstelle der etwas klobig wirkenden Kastenform erhielten die „Rheingold“-Lokomotiven (ebenso wie die Regel-E 10 ab Betriebsnummer 288) einen aerodynamischen Aufbau mit Windschneide („Bügelfalte“), schürzenartiger Verkleidung an den Stirnseiten und beidseitig durchgehenden Lüftungsgitterbändern. Zudem sollten Spezialdrehgestelle mit besseren Laufeigenschaften und weicherer Federung zum Einbau gelangen.

Da diese, als E 10^{12} (E 10 1265–E 10 1270) bezeichneten Lokomotiven erst im Herbst 1962 von Krauss-Maffei geliefert werden konnten, der neue „Rheingold“ indessen bereits zum Mai desselben Jahres angekündigt worden war, behalf man sich in der Zwischenzeit mit sechs Regel-E 10^1, deren Höchstgeschwindigkeit durch Änderung des Übersetzungsverhältnisses auf 160 km/h angehoben wurde. Mit den Drehgestellen der noch im Bau befindlichen Lokomotiven ausgerüstet, wählte man für diese Interims-„Rheingold“-Maschinen die Be-

Aus dem Design-Archiv der DB: eine für den „Rheingold“ geplante elektrische Lokomotive mit der Baureihenbezeichnung E 11. Aus Zeit- und Kostengründen kam sie nicht zur Ausführung.
Foto: Deutsche Bundesbahn

Zusammen mit fünf weiteren Lokomotiven der Baureihe E 10^1 wurde die E 10 242 vorübergehend für 160 km/h Höchstgeschwindigkeit hergerichtet und mit blau-gelbem Anstrich versehen. Dabei erhielten sie eine um Tausend höhere Ordnungsnummer.
Foto: Deutsche Bundesbahn

Oben: Die blaue Alsthom-Lokomotive 1143 (Achsfolge Bo'Bo') mit dem Zugstamm in Hoek van Holland. In der Mitte ausnahmsweise ein roter DSG/DB-Speisewagen. Foto: H. Wervers

Darunter: Hier endet die Schiene. Zur Weiterfahrt nach Großbritannien muß der Reisende auf das Schiff in Richtung Harwich umsteigen. Foto: H. Wervers

zeichnung E 10 1239–E 10 1244; und selbstverständlich erhielten sie für die Dauer ihres Sondereinsatzes auch den der Wagengarnitur angepaßten mehrfarbigen Anstrich.

Nicht wenige waren am 27. Mai 1962 auf den Beinen, um die Premiere des mit Spannung erwarteten komfortablen „Rheingold" mitzuerleben, der zugleich wieder auf seine angestammte Route über Rotterdam Noord, Utrecht, Arnheim und Duisburg zurückgekehrt war. Der Verlängerung des Reiseweges um 24 km gegenüber Eindhoven–Venlo standen so entscheidende Vorteile gegenüber wie die Inanspruchnahme der elektrischen Zugförderung ab und bis Duisburg, die direkte Bedienung der nicht nur vom Verkehrsaufkommen her bedeutungsvollen nordrhein-westfälischen Landeshauptstadt Düsseldorf und die Entlastung des beengten Kölner Hauptbahnhofs von Rangieraufgaben im Zusammenhang mit dem Kurswagentausch zwischen „Rheingold" und „Rheinpfeil".

Die gegenseitige Bindung beider Züge war beibehalten worden. Allerdings verlegte die Bundesbahn den Kurswagenübergang vom und zum „Rheinpfeil" nach Duisburg. Ohne Umsteigen gab es Fahrtmöglichkeiten in direkten Wagen bis Mailand, Chur und München, während der Zugstamm des „Rheingold" von Amsterdam und Hoek van Holland über Utrecht–Köln–Mainz–Karlsruhe nach Basel SBB und zurück lief. Nach langen Vorbesprechungen mit den am Lauf beteiligten Verwaltungen NS und SBB, die zu vielen Kompromissen zwangen, hatte man diesen neuen „Rheingold" auf der Europäischen Fahrplan- und Wagenbeistellungskonferenz in Brüssel für den Jahresfahrplan 1962/63 als F 9/10 vereinbaren können. Dabei stimmten die Niederländischen Eisenbahnen wegen der unter kürzestmöglichem Zeitaufwand in Utrecht und Duisburg durchzuführenden Kurswagen-Umstellung dem Einsatz eines DSG-Speisewagens nur nach und ab Amsterdam zu, verweigerten aber gleichzeitig die Übernahme des als „Dome-Car" bezeichneten Aussichtswagens. Auch wollten sie den von der DB gewünschten ganzjährigen Lauf des Wagens bis und ab Chur von seiner Besetzung abhängig machen, weshalb diese Leistung zunächst nur im Sommerabschnitt angeboten werden konnte.

Soweit es die Streckenverhältnisse zuließen, wurde der „Rheingold" auf dem Netz der Deutschen Bundesbahn als erster Zug seit 1939 mit 160 km/h Höchstgeschwindigkeit gefahren, was besondere „Bestimmungen für Schnellfahrten" durch die Aufsichtsbehörde erforderlich machte. Außerdem bedurfte es einer Ausnahmegenehmigung für diese bis dahin von der Eisenbahn-Betriebsordnung abweichende Höchstgeschwindigkeit. Somit ergab sich ab 27. Mai 1962 folgender Fahrplan:

Eine der seltenen Betriebsaufnahmen des „Rheingold" mit Dieseltraktion zwischen Oberhausen und Arnheim. Das Foto, mit V 200 064 in Zevenaar, entstand im Oktober 1965. Foto: J. A. Bonthuis

	20.00	ab	London	an	9.13	
	21.34	an	Harwich	ab	7.37	
Schiff	22.15	ab	Harwich	an	6.45	Schiff
	6.15	an	Hoek v. Holland	ab	23.40	
	7.00	ab	Hoek v. Holland	an	23.15	
	7.57	an	Utrecht	ab	22.18	
	7.25	ab	Amsterdam	an	22.55	
	7.54	an	Utrecht	ab	22.26	
	8.04	ab	Utrecht	an	22.15	
	9.50	an	Duisburg	ab	20.32	
„Rheinpfeil“	9.07	ab	Dortmund	an	21.12	„Rheinpfeil“
	9.47	an	Duisburg	ab	20.32	
	10.00	ab	Duisburg	an	20.20	
	10.38/10.40	an/ab	Köln	an/ab	19.38/19.41	
	13.15/13.17	an/ab	Mannheim	an/ab	17.01/17.02	
	15.27/15.38	an/ab	Basel Bad. Bf.	an/ab	14.49/14.50	
	15.45	an	Basel SBB	ab	14.43	
	16.09	ab	Basel SBB	an	14.29	
	17.21/17.31	an/ab	Luzern	an/ab	13.09/13.18	
	22.23	an	Mailand	ab	8.20	
	16.01	ab	Basel SBB	an	14.12	
	17.09/17.20	an/ab	Zürich	an/ab	12.46/13.01	
	19.00	an	Chur	ab	10.49	

Die Gruppe nach und von München verkehrte südlich Duisburg im „Rheinpfeil“:

10.05	ab	Duisburg	an	20.15
10.46/10.48	an/ab	Köln	an/ab	19.32/19.34
13.08/13.14	an/ab	Frankfurt (M)	an/ab	17.06/17.12
17.45	an	München	ab	12.35

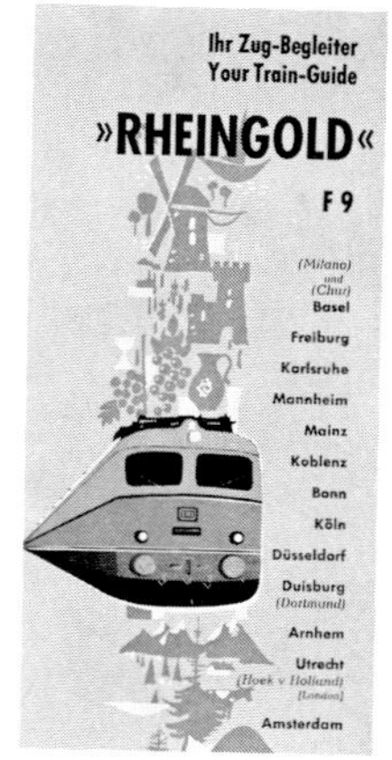

Fahrgastinformation 1963.

Eine der „Voraus-Lokomotiven“, E 10 1240 vom Bw Heidelberg, führt den F 9 am 2. September 1962 aus Mannheim Hbf bis Duisburg. An zweiter Stelle hinter der Lok läuft ausnahmsweise ein gewöhnlicher 1.-Klasse-Wagen der FS Italia. Foto: Helmut Röth

Noch auf Schweizer Gleisen, unmittelbar vor der Baseler Rheinbrücke: der „Rheingold" hinter der E 10 1269 am 5. November 1963.
Foto: Joachim Claus

Von Amsterdam nach Duisburg, Düsseldorf, Köln, Bonn, Frankfurt (M) und der bayerischen Landeshauptstadt wurde damit eine gleichermaßen für den Geschäfts- und Touristenverkehr bedeutende neue Direktverbindung geschaffen, wie sie in umgekehrter Lage zwischen der Mainmetropole und Amsterdam mit dem TEE „Rhein-Main" bereits seit einigen Jahren bestand.

Durch die Führung des „Rheingold" über Emmerich erhielten Duisburg und Düsseldorf außerdem eine durchgehende Verbindung mit Rotterdam und Hoek van Holland und zugleich mit dem Nachtschiff von und nach England.

Auch in den folgenden Jahren hat sich an dieser Grundkonzeption kaum etwas geändert, wenn man von dem saisonbedingten Wechsel des Dortmunder Kurswagens nach Mailand (Sommer) bzw. Chur (Winter) absieht.

1963/64 konnte die zulässige Höchstgeschwindigkeit von 160 km/h auch auf den „Rheinpfeil" ausgedehnt werden, was durch Neuregelung der Eisenbahn-Betriebsordnung ab Jahresfahrplan 1968/69 zu einer generellen Anhebung auf diesen Wert für alle erstklassigen TEE- und F-Züge führte.

Wie erfolgreich sich die Eisenbahnen im Laufe der mehr als 40 Jahre seit Einführung des ersten „Rheingold" zum Sommerfahrplan 1928 darum bemüht hatten, ihre Kunden nicht nur bequem, sondern gleichermaßen rasch ans Ziel zu bringen, läßt ein Fahrzeitvergleich deutlich erkennen: Mit nurmehr 8 Stunden 45 Minuten lag 1962 die Reisedauer zwischen Hoek van Holland und Basel SBB um 3 Stunden 33 Minuten (= 28,9%), in der Gegenrichtung sogar um 4 Stunden 14 Minuten (= 33,2%) niedriger als damals. Trotzdem kam der F 9/10 zu Beginn der sechziger Jahre „nur" auf den dritten Platz unter den schnellsten Zügen der DB, und zwar hinter die beiden Triebwagenkurse „Schauinsland", Basel–Frankfurt (M.), und TEE „Parsifal" im Abschnitt Hamburg–Aachen. Einer der wichtigsten Gründe hierfür lag wohl darin, daß bis zur Einführung des elektrischen Zugbetriebes auf der rechten Niederrheinstrecke Oberhausen–Wesel–Emmerich (–Niederlande) im Sommer 1966 noch mit Diesellokomotiven gefahren werden mußte. In dieser Zeit finden wir auch vor dem „Rheingold" und dem „Loreley-

Expreß"-Flügelzug Köln–Amsterdam V 200 des Bw Hamm, und zwar durchgehend bis und ab Arnheim.

Nachstehende Übersicht zeigt, wie sich die Reisezeiten zwischen Hoek van Holland und Basel SBB seit 1928 entwickelt haben:

*1928*¹⁾	*1939*¹⁾	*1953*²⁾	*1959*²⁾	*1962*¹⁾
Hoek v. Holland–Basel				
12ʰ18′	10ʰ36′	10ʰ42′	9ʰ06′	8ʰ45′
Basel–Hoek v. Holland				
12ʰ46′	10ʰ55′	10ʰ45′	8ʰ52′	8ʰ32′

1) über Emmerich 2) über Venlo

Entscheidende Auswirkungen auf den Fernfahrplan der europäischen Eisenbahnen brachten im Jahr 1963 die Eröffnung der „Vogelfluglinie" (Lübeck-) Puttgarden–Rødby (–Nykøbing) und die Aufnahme des elektrischen Betriebes auf dem Kernstück der Nord-Süd-Strecke, Hannover–Fulda–Gemünden. Gleichzeitig mit der Ablieferung neuen Rollmaterials und einer rationellen Durcharbeitung der Zugumlaufpläne ergab sich vorwiegend auf dem Netz der DB eine beachtliche Verdichtung des Angebots. Neben der Einrichtung direkter DSG-Schlafwagenkurse zwischen Deutschland und Dänemark (Aachen–Köln–Kopenhagen, Frankfurt (Main)–Hamburg–Kopenhagen, München–Hannover–Kopenhagen und Hamburg–Frederikshavn) verdienen hier eine neue Kurswagenverbindung Cerbère–Genf–Köln im „Loreley-Expreß" und die Ausstattung des Fernschnellzuges „Rheinpfeil" mit neuen, nach gleichen Grundsätzen wie beim „Rheingold" gebauten, vollklimatisierten Wagen Erwähnung.

Zu diesem Zweck beschaffte die DB zu den vorhandenen fünf noch sechs weitere Großraumwagen Ap 4 üm, 12 Seitengangwagen Av 4 üm, drei Speisewagen und noch zwei weitere „Dome-Cars", letztere übrigens mit größeren Fenstern im Aussichtsabteil (vgl. Tabelle 4, Seite 82/83). Als Triebfahrzeuge wurden wiederum für 160 km/h ausgelegte E 10^{12} (Betriebsnummern E 10 1308–E 10 1312) vorgesehen. Wie schon im Falle des „Rheingold" erprobte man die bereits fertiggestellten Drehgestelle zunächst unter Regellokomotiven der Baureihe E 10^{1}, die vorübergehend zweifarbig lackiert wurden, jedoch infolge ihrer mit 150 km/h angegebenen Höchstgeschwindigkeit die Betriebsnummern E 10 250–E 10 254 behielten. Im Gegensatz zu den „Rheingold"-Maschinen, die dem Bw Heidelberg zugeteilt worden waren, fanden sie im Bw Nürnberg eine Heimat.

Bei Kilometer 148,6 vor Bingerbrück; links oben die Burg Rheinstein.
Foto: Ralf Roman Rossberg

Der „Rheingold“ als TEE

Der Komfort in beiden Fernschnellzügen kam dem seit 1957 in den Trans-Europ-Express-Zügen gebotenen nicht nur gleich, er übertraf diesen sogar in mancher Hinsicht (z.B. mit dem Aussichtswagen). Es war daher folgerichtig, den „Rheingold“ bei gleichzeitiger Verlängerung über Basel hinaus bis Genf ab 1965 in das TEE-Netz einzubringen und auch den „Rheinpfeil“, den zwischen Hamburg und München neuerdings mit Komfortwagen verkehrenden „Blauen Enzian“ und den mit Dieseltriebzügen der DB-Baureihe VT 11^5 gefahrenen „Diamant“ Frankfurt (M.)–Brüssel–Ostende als TEE zu deklarieren, obgleich der Begriff „Trans“ weder in der Relation Dortmund–München noch für die innerdeutsche Nord-Süd-Verbindung Geltung haben konnte.

Ein wahrhaft buntes Bild vermittelte der „Rheingold“ fortan nicht nur wegen zahlreicher Kurswagenläufe (Genf–Dortmund, Mailand–Dortmund, Mailand–Hoek van Holland, Chur- und München–Amsterdam sowie Sitz- und Speisewagen München–Hoek van Holland), sondern auch infolge des nur langsam sich vollziehenden Farbwechsels in das für TEE-Züge übliche Rot-Elfenbein. Nicht selten kam es vor, daß der DB-Spitzenzug aus dreierlei verschieden lackierten Wagen gebildet wurde; denn oft mußten blaue Verstärkungsfahrzeuge mitgeführt werden (in denen anfänglich nicht einmal TEE-Zuschlag erhoben werden durfte).

TEE „Rheingold“ vor der Rheinbrücke bei Mainz Süd.
Foto: Ralf Roman Rossberg

Man stelle sich vor, wie der TEE 9/10 ausgesehen hat, als zudem noch ein roter Ersatz-Speisewagen und – zu allem Überfluß – eine „gewöhnliche" blaue Elektrolok der Baureihe E 10^{1} im Zugverband liefen.

Selbstverständlich zählten Regel-E 10-Einsätze vor dem „Rheingold" zu den Ausnahmen. Und nachdem die Deutsche Bundesbahn zu den 11 Lokomotiven der Baureihe E 10^{12} Mitte der sechziger Jahre weitere 20 (Betriebsnummern 112 485–112 504) erhalten hatte, bildete sie nicht nur den TEE 9/10 „artrein", sondern sah diese Lokgattung grundsätzlich auch als Triebfahrzeug für alle innerdeutschen F-Züge vor. Gleichzeitig zog sie sämtliche 112er zentral im Bw Frankfurt (Main) 1 zusammen. (Im Zuge der Triebfahrzeug-Umzeichnung waren alle E 10^{12} als Baureihe 112 eingeordnet worden.)

Seitdem sich Ende 1966 die TEE-Farbgebung gleichermaßen bei den Wagen durchgesetzt hatte und Neulieferungen das gelegentliche Mitführen blauer Verstärkungsfahrzeuge überflüssig machten, bot der „Rheingold" auf seinem 643 km langen deutschen Durchlauf wieder ein einheitliches Bild. Daß sowohl die Schweizerischen Bundesbahnen als auch die Niederländischen Eisenbahnen die rotgelbe Wagengarnitur zunächst mit Regellokomotiven beförderten, ist im Hinblick auf einen rationellen Triebfahrzeugeinsatz verständlich. Der Eisenbahnfreund registrierte solcherart nationale Eigenheiten sogar mit Interesse und Aufmerksamkeit.

So verwendeten die SBB zwischen Basel und Genf 8 Jahre lang elektrische Bo'Bo'-Lokomotiven der Gattung Re $4/4^{I}$ mit grünem Außenanstrich. Unter den Stirnfenstern trugen sie zur Verdeutlichung ihres Sondereinsatzes das Trans-Europ-Express-Symbol, das mit wenigen Handgriffen angeschraubt bzw. demontiert werden konnte, je nachdem, in welchem Dienstplan eine Lok Verwendung fand.

Der Kurswagentausch zwischen dem „Rheingold" und TEE 74/75 „Roland" (Bremen–Mailand) in Basel SBB ließ letzteren in gewissem Sinne als Entlastungszug zum „Rheingold" fungieren. Dabei erforderte die Traktion über die Rampen der Gotthardbahn eine leistungsstarke Lok. Die Betriebsaufnahme des „Roland" war 1969 gerade mit der beginnenden Auslieferung der ersten Exemplare aus der zweiten Serie Re $4/4^{II}$ zusammengefallen, von denen die SBB für den TEE-Einsatz im „Roland" und „Helvetia" (Teilstrecke Basel–Zürich) vier Maschinen in TEE-Farben fertigstellen ließ, nämlich die Betriebsnummern 11 158–

112 309-0 (ex E 10 1309), eine von insgesamt fünf 1963 gelieferten und vornehmlich für den „Rheinpfeil" bestimmten Lokomotiven, vor TEE 7, einfahrend nach Koblenz Hbf.
Foto: Deutsche Bundesbahn

Auf der Aarebrücke bei Olten; an der Zugspitze noch eine Re $4/4^{I}$ mit grünem Anstrich.
Foto: Schweizerische Bundesbahnen

11 161. In weiterer Folge erhielten auch die Neubau-Re $4/4^{II}$-Loks 11 249–11 251 TEE-Anstrich.

Seit dem 28. Mai 1972 wurden in der Schweiz alle TEE mit rot-crèmefarbenen Lokomotiven befördert. Neben den erwähnten Re $4/4^{II}$ waren dies die entsprechend hergerichteten Triebfahrzeuge der älteren Gattung Re $4/4^{I}$, und zwar die Betriebsnummern 10 033, 10 034, 10 046 und 10 050.

Ganz anders in den Niederlanden: Hier verkehren auf den mit 1500 V Gleichstrom elektrifizierten Strecken vor allen nicht aus Triebwagen gebildeten Zügen auch heute noch abwechselnd die bis 1956 nach französischen Vorbildern beschafften Alsthom-Maschinen der Serien 1100 (Bo'Bo') und 1300 (Co'Co'), die Anfang der fünfziger Jahre in Dienst gestellten „Amerikaner" der Reihe 1200 sowie seit 1981 die wiederum aus französischer Produktion stammenden

Lokomotive Ae 4/6 10 812 der SBB mit „Rheingold"-Kurswagen nach Mailand im Bahnhof Luzern am 2. Juni 1962.
Foto: Hans-Georg Kleine

Co'Co'-Lokomotiven 1601ff. Sie beförderten auch den „Rheingold", der über Arnheim hinaus bis zum „System-Wechselbahnhof" Emmerich gebracht und dort in der Gegenrichtung übernommen wurde. Seit Beginn des Sommerfahrplans 1967 führten die NS diesen Zug übrigens über Schiedam-Rotterdam West, was eine weitere Beschleunigung zur Folge hatte.

Durch nochmalige Anhebung der Fahrzeiten in der Süd-Nord-Richtung war es der Deutschen Bundesbahn 1970 auch möglich, eine seit dem Winter 1963/64 notwendige doppelte Führung des mit dem „Rheingold" korrespondierenden „Rheinpfeil" von Duisburg bis Dortmund endlich aufzugeben. Bis dahin hatte der als F 321 (zuletzt F 221) bezeichnete Flügel allein zur Aufnahme der Kurswagen aus der Schweiz ins Ruhrgebiet gedient, die planmäßig erst nach Abfahrt des TEE 21 mit dem „Rheingold" in Duisburg angebracht werden konnten.

Auf ganze 8 Stunden und 11 Minuten belief sich die Fahrzeit des TEE 9 noch zum Sommerfahrplan 1970 (4 Stunden 35 Minuten schneller als 1928). Trotzdem fand er sich in einer Zusammenstellung der schnellsten deutschen Züge mit 106 km/h Reisegeschwindigkeit im Bereich der DB erst auf Platz 19. Nicht weniger als 50 TEE-, F- und D-Züge legten in der Bundesrepublik zu diesem Zeitpunkt ihre Gesamtstrecke mit einem Durchschnitt von über 100 km pro Stunde zurück. So sehr wirkten sich die konsequent verfolgten Rationalisierungs- und Modernisierungsbemühungen der DB inzwischen auf den allgemeinen Reiseverkehr aus. Der „Rheingold" aber, vom Tempo her längst nicht mehr Spitzenreiter, hatte von seiner Attraktivität nichts eingebüßt. Er war vielmehr bestimmend geworden für den heutigen Reisekomfort in Mitteleuropa.

Mit klimatisierten 1.-Klasse-Zügen vom „Typ Rheingold" – nur ohne Aussichtswagen – hat die Deutsche Bundesbahn unter Einbeziehung der bisherigen TEE- und F-Zug-Verbindungen ab 26. September 1971 ein in dieser Form beispielloses Städte-Schnellverkehrsnetz eingerichtet, das vor allem auf die Erwartungen und Bedürfnisse des Behörden- bzw. Geschäftsreiseverkehrs ab-

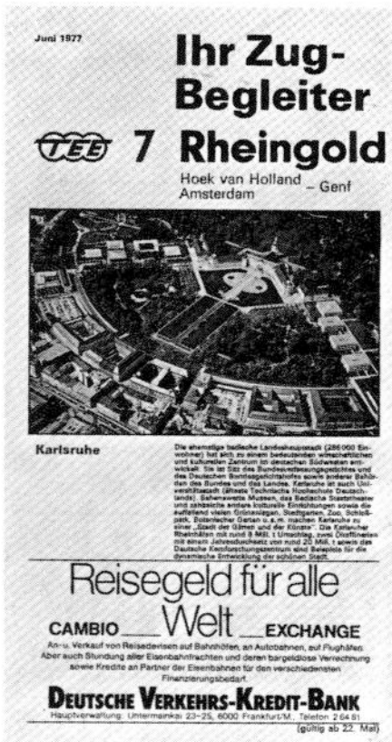

Fahrgastinformation 1977.

Mit der Co'Co'-Gleichstromlok 1225 der NS geht es von Emmerich bis Amsterdam. Die Niederländischen Eisenbahnen setzten verschiedene 1500-V-Typen abwechselnd vor dem „Rheingold" ein.
Foto: Friedhelm Ernst

Für 200 km/h geeigneter EUROFIMA-Standardwagen von 1977 im zweifarbigen DB-Anstrich rot/elfenbein.
Foto: Friedhelm Ernst

gestimmt war. Seither verkehrten im Zwei-Stunden-Takt die sogenannten „Intercity"-Züge auf vier Linien zwischen 33 der bedeutendsten Zentren der Bundesrepublik. Als Zuglok fand dabei die sechsachsige, für eine Höchstgeschwindigkeit von 200 km/h vorgesehene Co'Co'-Neukonstruktion der Baureihe 103 Verwendung, die vom gleichen Zeitpunkt ab auch vor dem „Rheingold" und der Mehrzahl der übrigen TEE auf deutschen Strecken anzutreffen war. Ihre Dauerleistung beträgt 5950 kW = 8092 PS. Ohne unzulässige Erwärmung der Motoren können bei der Anfahrt sogar kurzfristig 14000 PS erreicht werden, was der Leistung von über 200 Mittelklasse-Pkw entspricht.

Der Wagenpark dieser Spitzenzüge war bis Mitte der siebziger Jahre auf 81 kombinierte 1.-Klasse-/Speiseraumwagen, 58 Speise- und 14 Sitz-/Speiseraum-/Barwagen (alle in der bis dahin ungewöhnlichen Länge von 27,50 m) sowie auf 266 Abteil- und 124 Großraumwagen angewachsen. Sie alle trugen die wesentlichen Merkmale der „Rheingold"-Fahrzeuge aus den Jahren 1962/63, nur mit leichten Abwandlungen, wie z. B. gerade durchlaufenden Dächern (ab 1964) oder klappbaren Trittstufen bei den ab 1972 in Dienst gestellten Exemplaren. Seit wenigen Jahren erhalten Neulieferungen zudem die wesentlich gefälligeren, im Betrieb störungsfreien Schwenkschiebetüren.

Nicht zuletzt für den hochqualifizierten Reiseverkehr von Bedeutung schien eine Vereinbarung der wichtigsten west- und mitteleuropäischen Eisenbahnverwaltungen, einen neuen Standard-Reisezugwagen zu entwickeln und die ersten 500 Exemplare gemeinsam zu beschaffen. Über die Europäische Gesellschaft für die Finanzierung von Eisenbahnmaterial (EUROFIMA) bestellt, gelangten somit ab 1977 295 Wagen 1. Klasse und 205 Wagen 2. Klasse an die Deutsche Bundesbahn, die FS Italia, die Österreichischen und Schweizerischen Bundesbahnen sowie SNCB und SNCF. Genau 100 Fahrzeuge der erstgenannten Serie erhielt dabei die DB und reihte sie unter der Gattungsbezeichnung Avmz[207] in ihren Betriebsmittelpark für TEE- und Intercity-Züge und folglich auch für den „Rheingold" ein.

Mit 54 körpergerechten Sitzen in 9 Abteilen, vollverglasten Innentüren und selbstverständlich auch Klimaanlage ausgestattet, betrug das Eigengewicht etwas mehr als 41 t. Die für eine zulässige Höchstgeschwindigkeit von 200 km/h zugelassenen, bei Linke-Hofmann-Busch in Salzgitter gebauten Wagen unterschieden sich äußerlich nur unwesentlich von ihren nationalen Vorgängern, so z. B. durch die gesickte Dachform und die von den italienischen Fiat-Werken entwickelten Drehgestelle Y 0270 S mit H-Rahmen. Zu einer Anschlußbestellung dieses vielversprechenden, wegen Berücksichtigung einer Vielzahl eigenstaatlicher Belange jedoch teuren Beispiels europäischer Zusammenarbeit ist es aber bis auf den heutigen Tag nicht gekommen.

Aber blenden wir noch einmal zurück auf den Fahrplanwechsel im Mai 1971: Im Rahmen einer Neuregelung des Zugnumerierungssystems hatte der „Rheingold" die Bezeichnung TEE 6/7 erhalten und führte damit die Liste aller DB-Züge an. Gleichzeitig mit der Einordnung seines langjährigen Schwesterzuges „Rheinpfeil" in das 3150 km lange „Intercity"-Netz zum Herbst desselben Jahres wurde diesem die dazu passende Bezeichnung IC 106/107 gegeben. Der Liniencharakter hatte im übrigen eine Verlängerung über Dortmund hinaus bis Hannover erforderlich gemacht.

Wesentliche Veränderungen im Fahrplangefüge sollte indessen erst der Jahresabschnitt 1973/74 bringen. Hatten die schwierigen und zeitraubenden Rangierarbeiten in Duisburg im Zusammenhang mit dem Wagenaustausch zwischen beiden Zügen vor allem bei verspätetem Eintreffen immer wieder Verzögerungen im Betriebsablauf verursacht, so verzichtete man fortan auf einige Kurswagenverbindungen. Es entfielen die Relationen Genf–Dortmund–Hannover, Chur–Zürich–Dortmund, München–Hoek van Holland und München–Amsterdam. Neu hingegen wurden direkte Wagen zwischen Basel und Emmerich, auf der Strecke Chur–Zürich–Amsterdam sowie in der Wintersaison auch von Chur nach Emmerich und zurück gefahren, so daß zur Umstellung in Duisburg nur noch ein jeweils am Zugschluß laufender Wagen Mailand–Dortmund–Hannover bzw. umgekehrt verblieb. Dies ermöglichte u. a., in Köln wieder Anschlüsse mit dem TEE „Diamant“ von und nach Brüssel herzustellen.

Die Niederländischen Eisenbahnen stimmten nunmehr auch dem Verkehren des „Dome-Car“, ebenso wie einem durchgehenden Speisewagenlauf zwischen Hoek van Holland und Genf, zu.

Ein Antrag, die Trans-Europ-Express-Züge 6/7 ab und bis Lyon zu verlängern, fand allerdings nicht die Zustimmung der Französischen Eisenbahnen, da das Lichtraumprofil ihrer Strecken für die in diesen Zügen verkehrenden Speise- und Aussichtswagen nicht ausreichend sei. Man begnügte sich vielmehr mit der Einrichtung eines neuen (französischen) Schnelltriebwagens Genf–Lyon mit Anschluß nach Marseille. So recht vermochte die Argumentation der SNCF allerdings nicht zu überzeugen. Denn bereits im Sommer 1972 waren alle fünf DB-eigenen doppelstöckigen Speisewagen von München nach Köln Bbf. umbeheimatet und nicht mehr im „Rheingold“ eingesetzt worden. Man sah sie stattdessen in anderen Umläufen, darunter im TEE „Saphir“, dem IC „Porta Westfalica“ oder selbst in D-Zügen Ruhrgebiet–München. Und was den Aussichtswagen anbetrifft, wäre es sicher ein leichtes gewesen, ihn auf Genf zu beschränken. Ganz offenbar war der SNCF aber daran gelegen, einen direkten TEE Amsterdam–Rheinland–Basel–Genf–Lyon zu verhindern.

Verbessern ließ sich hingegen das qualifizierte Angebot für Schienenreisende zwischen den Niederlanden und der bayerischen Metropole durch Einrichtung einer neuen TEE-Verbindung Den Haag–München mit Namen „Erasmus“, benannt nach dem Humanisten Erasmus von Rotterdam. Daß die hierzu verwandte Wagengarnitur jeweils vom bzw. auf den „Rheingold“ wendete, erklärt die Mitführung eines Aussichtswagens auch in diesen, als TEE 24/25 bezeichneten Zügen.

Es dürfte interessieren, daß die doppelstöckigen Speisewagen nochmals kurz auf ihre angestammte Route zurückkehrten, ehe zwei Exemplare 1977 vorübergehend an die Österreichischen Bundesbahnen ausgeliehen und schließlich alle fünf in der zweiten Hälfte der siebziger Jahre durch einstöckige, 27,50 m lange Neubauten ersetzt worden sind.

Auch auf die vielgerühmten „Dome-Cars“ muß der Reisende seither verzichten. Sie wurden wegen ihres hohen Unterhaltsaufwandes als Splittergattung zum Sommerfahrplan 1976 aus dem Regelverkehr zurückgezogen und nach vergeblichen Versuchen, sie durch einzelne Bundesbahndirektionen bei Sondereinsätzen zu „vermarkten“, noch im Dezember desselben Jahres an das Reiseunternehmen „Apfelpfeil“ in Freudenstadt verkauft.

Der „Rheingold“ mit NS-Lok 1112 und blauem DB-Verstärkungswagen bei Utrecht-Lunetten. Foto: J. A. Bonthuis

TEE „Rheingold“ und „Roland“, abfahrbereit in Basel SBB. Foto: Ralf Roman Rossberg

TEE 6 „Rheingold“ im Mai 1975 bei Liestal in der Schweiz, geführt von der zweifarbigen Re 4/4[I] 10 046. Foto: Dieter Dettelbacher

TEE 7 durchfährt Aarburg-Oftringen. Foto: Joachim Claus

Letzter deutscher Trans-Europ-Expreß

In dem Bemühen, ihre wirtschaftliche Situation nachhaltig zu verbessern, strebte die Deutsche Bundesbahn gegen Ende der siebziger Jahre eine Neuordnung ihrer Zugsysteme an. Nach einem sog. „Integrierten Bedienungssystem im Personenfernverkehr" (IBS) sollte dieses neue Konzept bis 1985 stufenweise verwirklicht werden, wobei die ersten Versuche mit einzelnen „Intercity"-Zügen durchaus erfolgreich verliefen.

In einem Netz von Hauptstrecken waren für die Zukunft drei Arten von Fernreisezügen geplant: das System A mit „Intercity"-Zügen 1. und nunmehr auch 2. Klasse im Ein-Stunden-Takt auf einem Netz von 3150 km Länge, System B mit D-Zügen beider Klassen und einem am Bedarf orientierten Rhythmus auf dem gesamten Bundesbahn-„Grundnetz" von etwa 4000 km Länge sowie System C mit allen übrigen Fernzügen, deren Fahrplangestaltung besondere Nachfrage außerhalb des rhythmischen Verkehrs zu berücksichtigen hatte.

Nach diesem Konzept sollten nur noch rentable TEE-Züge als Top-Angebot für den internationalen Bereich ausschließlich mit 1. Klasse verkehren. Somit übertrafen die Planungen den Umfang des im Herbst 1971 eingeführten „Intercity"-Netzes 1. Klasse im Zwei-Stunden-Takt bei weitem. Und man sprach offen von „einem der bedeutendsten Schritte zur Eisenbahn der Zukunft".

Der Verwirklichung des DB-Beschlusses, ab Jahresfahrplan 1979/80 im Rahmen des IBS auf den vier bisherigen IC-Linien einen einstündigen starren Taktfahrplan mit „Intercity"-Zügen beider Wagenklassen im reinen Blockzugsystem einzuführen, ging die Fahrplanperiode 1978/79 als Testphase voraus; zwischen Hamburg und Köln kam es zur Einrichtung zweiklassiger „Intercity"-Verbindungen, die beim Publikum sehr rasch Anklang fanden. Gleichzeitig wurden aus Umlaufgründen weitere, bislang erstklassige IC sowie auf Zu- oder Auslaufstrecken vereinzelt sogar einige TEE in die Versuchsphase mit beiden Wagenklassen einbezogen.

Die eigentliche Einführung des neuen Konzepts „IC 79" erfolgte zum Sommer 1979. Dabei wurden nicht zuletzt zahlreiche Trans-Europ-Expreß-Kurse in die neue Gattung „IC" integriert. Andererseits aber erhielten alle innerdeutschen Verbindungen, die weiterhin ausschließlich 1. Klasse führten, zur besseren Unterscheidung von den neuen Blockzügen die Bezeichnung TEE, wobei freilich dieser Name den ursprünglich mit ihm verbundenen Zweck nicht mehr erfüllte. Ähnliches galt übrigens für Frankreich, wo besonders schnelle und komfortable nationale Verbindungen mit hochwertigem Wagenmaterial der oberen Polsterklasse gleichfalls zu Trans-Europ-Expreß-Zügen erklärt worden waren.

Im Bereich der Deutschen Bundesbahn verblieben ab Sommer 1979 nurmehr folgende TEE-Züge, von denen ganze vier noch dem Europagedanken des Jahres 1957 entsprachen:

TEE 6/7 „Rheingold" Genf–Basel–Mannheim–Köln–Amsterdam

TEE 10/11 „Rembrandt" München–Stuttgart–Mannheim–Köln–Amsterdam

TEE 14/15 „Bacchus" Dortmund–Essen–Köln–Mainz–Darmstadt–Stuttgart–München (TEE 15 nur ab Stuttgart)

TEE 16/17 „Friedrich Schiller" Stuttgart–Darmstadt–Mainz–Köln–Dortmund

TEE 18/19 „Gambrinus" München–Stuttgart–Darmstadt–Mainz–Köln–Essen–Münster–Hamburg-Altona

TEE 24/25 „Goethe" Frankfurt–Mainz–Köln–Essen–Dortmund
(TEE 25 bis Nürnberg)

TEE 26/27 „Erasmus" Nürnberg–Frankfurt–Mainz–Köln–Amsterdam (TEE 27 nur bis Frankfurt)

TEE 28/29 „Heinrich Heine" Frankfurt–Mainz–Köln–Essen–Dortmund

TEE 80/81 „Diamant" München–Augsburg–Nürnberg–Würzburg–Hamburg-Altona

TEE 84/85 „Mediolanum" Mailand–Brenner–Innsbruck–München

TEE 90/91 „Roland" Stuttgart–Mannheim–Frankfurt–Bremen.

Aber schon im darauffolgenden Jahr entfielen hiervon die TEE „Bacchus", „Erasmus" und „Roland", während „Friedrich Schiller" auf den Winterabschnitt und TEE 10/11 „Rembrandt" auf den Laufweg Stuttgart–Amsterdam beschränkt wurden.

Bei weiter rückläufiger Zahl von TEE-Verbindungen verwundert indessen die Einrichtung eines auf die Europa-Stadt Straßburg ausgerichteten TEE „Albert Schweitzer" über Kehl–Heidelberg–Darmstadt–Mainz und die linke Rheinstrecke bis Köln und weiter nach Dortmund bzw. umgekehrt im Jahr 1980. Wie wenig dieser Zug einem wirklichen Bedürfnis entsprach, ergab sich aus seinen äußerst spärlichen Benutzerzahlen. Folglich sollte der im Regelfall aus lediglich drei Wagen gebildete und zuletzt sogar mit Minibar statt Speisewagen versorgte Kurs auch nur drei Jahre Bestand haben. Mit nahezu allen übrigen die Bundesrepublik Deutschland berührenden TEE verschwand er zu Beginn des Jahresfahrplans 1983/84 am 29. Mai 1983.

Ausgenommen blieben allein der „Rheingold" und der mit italienischem Wagenmaterial gefahrene TEE „Mediolanum" Mailand–Verona–Bozen–Brenner–Innsbruck–München. Doch sollte der letztgenannte schon nach Ablauf eines weiteren Jahres ebenso seine Umwandlung in einen zweiklassigen IC bei gleichzeitiger Durchbindung bis und ab Dortmund erfahren. Somit verblieb 1984 nurmehr TEE 6/7 als einziger rein erstklassiger Spitzenzug der Deutschen Bundesbahn.

Einige recht bedeutsame Wandlungen hatte jedoch auch er erfahren müssen: Sein Laufweg war bereits zum Sommer 1979 auf Genf–Amsterdam (statt des bis dahin überwiegend auf Hoek van Holland ausgerichteten Stammlaufs) festgelegt worden. Der Grund bestand wohl darin, daß kaum mehr Langstrecken-Komfortreisen ab und bis London unter Einschluß der Kanalroute Hoek van Holland–Harwich gefragt waren. Bahn und Schiff hatten diesen Kundenkreis größtenteils an das Flugzeug verloren.

Auf dem europäischen „Kontinent" hingegen sollten die „Rheingold"-Kurswagen Amsterdam–Chur (während des Winterabschnitts) und –Mailand bzw. Chiasso (im Sommer) sowie eine Wagengruppe Emmerich–Basel SBB verbleiben, auch als der Stamm des TEE 6/7 im Sommer 1980 nur ab und bis Bern verkehrte, weil sich die Schweiz der Einführung der Sommerzeit widersetzt hatte und somit eine vorübergehende Verlagerung der Nachfrage eintreten mußte.

Für viele schien dennoch das Ende des TEE „Rheingold" in Sicht, als die Schweizerischen Bundesbahnen zum Jahresfahrplan 1982/83 ihr neues Angebotskonzept mit Stundentakt in allen wichtigen Verbindungen vorbereiteten, was sich zwangsläufig auf die Übergänge von und nach Deutschland auswirken mußte. Tatsächlich wurden mit dem 23. Mai 1982 die Anschlußzüge der SBB in Basel auf die Ankünfte und Abfahrten der deutschen „Intercity"-Züge ausgerichtet. IC „Metropolitano", bis dahin zwischen Frankfurt (Main) und Genua über die Gotthardroute eingesetzt, verkehrte nun zwischen Dortmund und Mailand. Unter dem Namen „Rätia" verbindet seither ein „Intercity" (seit 31. Mai 1987 „EuroCity") Hamburg mit Chur über Frankfurt (Main), Basel und Zürich. Der IC „Rheinkurier" fährt unter dem neuen Namen „Lötschberg" zwischen Hamburg (mittlerweile Hannover) und Brig über Köln–Basel–Bern mit Kurswagen nach und von Interlaken Ost. Die bis dahin durchgehende Verbindung mit Intercity „Hispania" zwischen der Elbmetropole und Spanien wurde in zwei Etappen aufgeteilt. Dabei beschränkt sich die IC/EC-Relation auf die

Vor der markanten Kulisse des Rheinstädtchens Oberwesel.
Foto: Deutsche Bundesbahn

Tagesfahrt Hamburg–Genf über Basel mit dem Namen „Mont Blanc“, während sich daran anschließend als Nachtverbindung der „Hispania“ mit neuen klimatisierten Großraumwagen zwischen Genf und Cerbère/Port Bou (–Barcelona) in den Fahrplänen findet.

Entgegen anderslautenden Befürchtungen blieb der „Rheingold“ im Zusammenhang mit dem neuen Fahrplankonzept der Schweiz jedoch erhalten, wenngleich er – systembedingt – nicht mehr ab und bis Genf, sondern nur noch zwischen Basel und Amsterdam verkehrte. Dank vielfältiger Bemühungen war es gelungen, diesen 1.-Klasse-Spitzenzug, der gute Besetzungen aufwies, nicht durch das Taktsystem in seiner Fahrwürdigkeit zu gefährden. Vielmehr ließen sich für das TEE-Zugpaar auch weiterhin Kurswagen 1. Klasse nach und von Chur bzw. Chiasso (wie bislang) und Interlaken Ost oder Brig erreichen. Der bedauerliche Wegfall so attraktiver Direktziele wie Lausanne und Genf konnte durch eine neue, umsteigefreie Kurswagenverbindung mit dem Berner Oberland wenigstens in gewissem Umfang kompensiert werden.

Während TEE 7 in Nord-Süd-Richtung seine bisherige Fahrplanlage in etwa beibehielt, wurde der Gegenzug in der Süd-Nord-Relation mit Beginn des Sommerfahrplans 1982 um zwei Stunden früher gelegt, bei einer Abfahrt in Basel SBB um 12.20 Uhr. Damit gewann er Abstand zum neu geschaffenen IC 106, was sich zweifellos positiv auf seine Inanspruchnahme ausgewirkt hat. Dies aber war die Voraussetzung für den Erhalt des letzten deutschen TEE-Zuges mit seiner großen Tradition.

(Elektrischer Betrieb)

600 Köln – Koblenz – Mainz – Frankfurt (Linke Rheinstrecke)

BD Köln — Zug-Nr	7319	5606 ◆		E 2025 ◆	D 511 ◆5)		D 505		IC 140 1. ◆		D 521 ◆5)		7321 ◆	D 509 ◆2)	D 1709 ◆	7321 ◆1)	D 513 ◆6)	E 3511 □ ◆	TEE 7 1. ◆	IC 107 1. ◆		
Köln-Deutz ab	...	...	...	8.50		...		...		...		...	9.38			...		c 10.31			...	...
Köln Hbf 8 ab	...	von Hamm von Hagen	...	8.57	9.19	...	9.25	...	9.35 (A)	...	9.39	...	9.45	10.03	10.08 (E)	...	10.35	c 10.39	10.49	10.55	...	...
Köln West (weitere Züge siehe 430)	...		...		Hagen–	...	Dortmund	...	Hannover	...	Dortmund	...	9.49	Dortmund	Dortmund–	...	Dortmund		(London–)	Hannover	...	...
Köln Süd	...		...	9.03		...		...		...		...	9.52			...		10.45			...	...
Kalscheuren 3	...		...	Rheine		...		...		...		...	9.57			...					...	...
Brühl	...		...			...		...		...		...	10.02			...		10.53			...	...
Sechtem	...		...			...		...		...		...	10.06			...					...	...
Roisdorf	...		...			...		...		...		...	10.11			...					...	...
Bonn Hbf 445 3 an	...	...	...	9.20	9.39	...	9.45	...	9.53	...	10.00	...	10.16	10.23	10.29	...	10.55	c 11.03	11.07	11.13	...	...
Bonn Hbf ab	9.14	...	...	9.22	9.41	...	9.47	...	DOMPFEIL –Dortmund–	...	10.02	...	10.18	10.25	10.30	von Köln	10.57	c 11.17	11.08	11.14	...	...
Bonn-Bad Godesberg	9.19	...	...	9.28	9.47	...	d-Essen-	...		...	10.08	...	10.23	10.31	10.36			weiter siehe nächste Seite	Hoek v Holland	–Dortmund	...	...
Bonn-Mehlem	9.22	...	...			...		...		...		...	10.26	–Essen	Essen–		–Ober				...	...
Rolandseck	9.26	..	...			...		...		...	|	...	10.30								...	...
Oberwinter	9.29	...	...			...		...		...		...	10.33								...	...
Remagen an	9.33	...	...	9.37		...	10.01	...		...	10.18	...	10.37					...			...	...
Bad Neuenahr 601 an	*9.59*	...	...	*9.59*	...	...	...	...	...	...	f*10.35*	...	*11.19*	...	...	...	...	...		...	...	...
Bad Neuenahr 601 ab	...	...	...	g*9.08*	...	...	*9.36*	...	...	...	...	...	...	...	...	*10.16*	...	...		...	...	...
Remagen ab	nach Kreuzberg (Ahr)	...	...	9.38		...	10.02	...	Hagen–Bonn	...	10.19	...	weiter siehe rechts	|		10.52		...			...	...
Sinzig (Rhein)		...	...	|	Wuppertal–	...	Düsseldorf	...		...	E-Altenessen–	...			Mannheim	10.56	hausen–Düsseldorf–	...	–Düsseldorf	–Essen–	...	...
Bad Breisig		...	...	9.45		...		...		...		...				11.01		⑥ nach Koblenz, † nach Remagen			...	...
Brohl		...	...			...		...		...		...	...			11.05					...	...
Namedy		...	...			...		...		...		...	...			11.08					...	...
Andernach 602 an		9.21	...	9.53		...		...		...		...	..	10.52	10.58	11.12					...	...
Andernach 602 ab		9.22	...	9.54		...	|	...	...	...		...	...	10.53	10.59	11.13			|		...	...
Weißenthurm		(1)9.37	...	9.58		...		...	...	...		...	...			11.16					...	...
Urmitz		9.41	..			...		...	...	...		...	...		|	11.20					...	...
Koblenz-Lützel 603 (⊙1))		9.49	...			...		...	...	...		...	...			11.26					...	...
Koblenz Hbf 421 an		9.52	...	10.09	10.19	...	10.26	...	...	...	10.43	...	...	11.07	11.13	11.29	11.32		11.41	11.46	...	...
Koblenz Hbf 605 ab	...	...	...	10.26 ↙	...	...	*10.37*	...	...	...	*11.06*	...	...	...	g*11.30*	...	...	...	...	f*11.51*	...	...
Niederlahnstein 605 an	...	...	...	10.32	...	...	*10.43*	...	...	...	*11.12*	...	...	...	g*11.35*	...	...	...	...	*11.57*	...	...
Bad Ems 540 an	...	...	...	...	...	...	*11.07*	...	...	...	*11.27*	...	...	...	...	...	...	...	...	f*12.12*	...	...
Koblenz Hbf 620 ab	...	...	...	*10.17*	...	...	b *10.42*	...	...	...	⑥*10.55*	...	...	...	...	...	...	...	...	...	...	...
Trier Hbf 620 an	...	...	...	*11.39*	...	...	b *12.46*	...	...	...	⑥*13.11*	...	...	...	...	...	...	...	...	...	...	...
Trier Hbf 620 ab	...	*8.32*	...	...	...	...	...	...	...	...	...	...	...	...	...	...	*10.04*	...	...	...	...	...
Koblenz Hbf 620 an	...	*9.54*	...	...	...	...	...	...	...	...	...	...	...	...	...	...	*11.24*	...	...	...	...	...
Zug Nr		E 3359 ◆	7511			E 2025 ◆						E 3519 ◆7)	E 3255									7567 ◆
Koblenz Hbf ab	...	...	10.00	10.26	10.22	10.26	10.28	von Koblenz	...	...	10.47	10.49	nach Kaiserslautern	11.09	11.15	...	11.34	...	11.42	11.47	...	...
Rhens	...	Saarbrücken–Mainz	10.07		Mannheim–Stuttgart–				...	...	Wiesbaden–Nürnberg–	|				...	Mannheim–Heidelberg	...	RHEINGOLD Mannheim –	RHEINPFEIL Würzburg– München	...	...
Spay	...		10.10	weiter siehe rechts		Münster–	Mannheim–		...	...						...		...			...	...
Boppard 606 3	...		10 17						...	...		11.02		11.23	11.29	...		...			...	...
Bad Salzig	...		10.21						...	...		11.06		–Mannheim–	(E) Karlsruhe –	...		...			...	...
Hirzenach	...		10.24	...					...	...						...		...			...	...
St Goar *BD Frankfurt (Main)*	...		10.29	...					...	...		11.13				...		...			...	...
Oberwesel	...		10.35	...					...	...		11.19				...		...			...	...
Bacharach	...		10.40	...					...	...		11.24				...		...			...	...
Niederheimbach	...		10.44	...					...	...						...		...			...	...
Trechtingshausen	...		10.48	...					...	...						...		...			...	...
Bingerbrück 640 4 an	...	...	10.52	...			11.04		...	...		11.32				...		...			...	...
Bingerbrück 640 ab	...	...	10.58	...			11.06		...	...		11.33	11.36			...		...			...	12.25
Bingen (Rh) 640. 656. 10202 4 an	...	...	11.00	...					...	...		11.35	11.39	11.51	11.57	...		...			...	12.27
Bingen (Rh) 640 ab	...	...	...	...	...	...	...	...	...	...	...	...	11.40	h*12.25*	...	...	...	...	...	...	...	...
Bingerbrück 640 ab	...	...	*11.18*	...	...	...	*11.36*	...	von Hagen	...	...	...	...	*12.41*	...	...	...	...	...	...	...	...
Bad Kreuznach 640 an	...	...	*11.40*	...	...	...	*11.57*	...		...	...	...	11.57	*13.00*	...	...	...	...	...	...	...	...
Bad Münster a St. an	...	...	...	...	...	...	*12.04*	...		...	...	...	12.04	*13.06*	...	...	...	...	...	...	...	...
Kaiserslautern Hbf 650 an	...	...	...	...	...	...	*13.07*	...		...	...	...	13.07	*14.21*	...	...	...	...	...	...	...	...
Zug Nr								7511	D 511 ◆5)	E 2025 ◆						7565 ◆					D 513 ◆6)	
Bingen (Rh) 4 ab	...		11.01	...	München	Hagen–	Karlsruhe–	...			Passau	11.36	...	11.53	11.59	...	weiter siehe rechts	...	Karlsruhe–		Stuttgart–	12.28
Bingen-Gaulsheim	...		|	...				...		...			...	Offenburg–	Freudenstadt	...		...				12.31
Gau Algesheim 650 3	...		11.07	...				...		...			...			...		...				12.36
Ingelheim	...	11.01	11.10	...				11.15		...		11.44	...			...	...	...				12.39
Heidesheim (Rhh)	...		an	...				11.19		...			...			...	...	...				12.43
Uhlerborn	...		...	...				11.22		...			...			...	...	...				12.46
Budenheim	...		weiter	...				11.25		...		11.53	...			...	...	...				12.50
Mainz-Mombach	...		siehe	...				11.29		...			...			...	...	...				12.54
Mainz Hbf 552. 655. 660 an	...	11.14	rechts	...			11.24	11.33	11.50	...		11.59	...	12.11	12.17	...	...	...	12.33	12.39	12.46	12.58
Mainz Hbf 608 ab	...	*11.26*	...	...	...		...	*11.44*	...	...	...	*12.08*	...	f*12.24*/h*12.34*		...	...	...	...	*12.44*	*12.58*	...
Wiesbaden Hbf 608 an	...	*11.36*	...	...	11.32	11.47	...	*11.54*	11.32	...	11.57	*12.19*	...	f*12.35*/h*12.43*		...	...	...	...	*12.56*	*13.08*	...
Mainz Hbf 552 ab	...	...	...	...	...	...	...	*11.47*	...	...	...	...	...	*12.16*	...	...	...	...	...	...	*12.57*	...
Darmstadt Hbf 552 an	...	...	...	...	...	...	...	*12.19*	...	...	...	...	...	*12.42*	...	...	...	...	...	...	*13.31*	...
Mainz Hbf 660 ab	...	...	...	...	...	...	11.27	*11.42*	...	...	...	...	...	12.13	...	...	...	...	...	...	...	...
Ludwigshafen (Rh) Hbf 660 an	...	...	...	...	...	...	12.12	*13.38*	...	...	...	...	...	|	...	...	...	...	...	...	...	...
Wiesbaden Hbf 608 ab	...	...	...	...	...	...	h *10.52*	*11.12*	11.40	11.55	12.05	...	...	...	*12.05*	12.14	...	...	...	...	*12.30*	...
Mainz Hbf 608 an	...	...	...	...	...	...	h *11.01*	*11.22*	11.50		...	...	...	...	*12.14*	12.23	...	...	...	...	*12.42*	...
Mainz Hbf ab	...	...	...	...	weiter siehe rechts	weiter siehe rechts	11.27	11.39	11.53			12.08	...	♦12.13	12.19	12.24	...	...	♦12.35	12.41	12.48	weiter siehe nächste Seite
Mainz Süd 660 3	...	...	...	...				11.41				12.11	...			12.27	...	...				
Mainz-Gustavsburg	...	...	...	...				11.44				|	...	Triberg –Konstanz		12.30	...	...	Basel SBB–Genève		München	
Mainz-Bischofsheim	...	...	...	...	...	...		11.47					...			12.34	...	...				
Rüsselsheim Opelwerk						...		|					...			|	...	...				...
Rüsselsheim ⊙						...	Basel SBB	11.52	München	Frankfurt		12.20	...			12.37	...	...				...
Raunheim						...		11.55					...			12.41	...	...				...
Kelsterbach						...		12.01					...			12.47	...	...				...
Frankfurt (M) Flughafen						...		12.07					...			12.51	...	...				...
Frankfurt (M) Sportfeld 551						...		|					...			|	...	...				...
Frankfurt-Niederrad 551						...		12.14					...			12.58	...	...				...
Frankfurt (M) Hbf 7 an	...	...	...	...	...	...		12.19		12.27	12.35	12.40	...			13.03	...	...		13.07		...

Bonn—Remagen 4902
Remagen—Koblenz 6049
Koblenz—Bingen 6050
Bingen—Mainz 6600

Weitere Züge Köln—Frankfurt siehe Strecke 610

◆ = für Gruppenfahrten nur beschränkt zugelassen

(A) = ① bis ⑤, nicht 30. V., 17. VI.
(E) = vom 6. VII. bis 21. VIII.

a = ✕ außer ⑥
b = täglich außer ⑥
c = ⑥ und †
f = ✕, nicht 9. VI.
g = ✕ außer ⑥, nicht 9. VI.
h = †, auch 9. VI.

(1) = an 9.26

■ = nicht 9. VI.
□ = auch 9. VI.

⊙ = Weitere Züge siehe 599
⊙1) = Gesamtverkehr siehe 604

Ohne Gepäck- und Fahrradbeförderung:
◆1) = an †
◆2) = an ⑦ und nach †
◆3) = an † und nach †
◆4) = ⑦, † bis Koblenz
◆5) = an ⑦, ①
◆6) = ab Koblenz
◆7) = an ⑥ und †

Fahrzeiten auf der Mittelrheinstrecke im Jubiläumsjahr 1978.

Vier Jahre „Flaggschiff“ – und dann?

Am 29. Mai 1983 erlebte der traditionsreiche, seit seiner Einführung vor nunmehr 55 Jahren stets das Spitzenangebot der deutschen Eisenbahnen repräsentierende „Rheingold“ gewissermaßen seine vierte Premiere. Der 1928 erstmals in Dienst gestellte, 1951 von der Deutschen Bundesbahn wiederbelebte und 1962 mit neuem Rollmaterial ausgestattete Zug sollte nicht dem allgemeinen Trend zur Abschaffung der TEE zum Opfer fallen. Vielmehr war er nach dem Willen der DB dazu ausersehen, mit gepflegtestem Wagenmaterial, einem außergewöhnlichen Service, Betreuung im Zug und einer touristischen Komponente „ein Produkt darzustellen, von dem eine Orientierung ausgehen soll, die auf das Beste der Bahn ausgerichtet ist“. Dabei wurde eine „Konzentration auf das kurzfristig Machbare“ erkennbar. Ohne dem Zug den Charakter des Provisorischen zu verleihen, wollte man ihn als „ersten, richtungweisenden Schritt zu einem neuen Spitzenprodukt“ verstanden wissen.

TEE 7 bei Oberwesel im Sommer 1983.
Foto: Deutsche Bundesbahn

Der Selbstwähl-Münzfernsprecher – ein selbstverständlicher Service im „Rheingold"-Großraumwagen.
Foto: Deutsche Bundesbahn

Deshalb hatte die Deutsche Bundesbahn – angesichts rückläufiger Reisendenzahlen – auf der Europäischen Fahrplan- und Wagenbeistellungskonferenz 1982 im norwegischen Lillehammer auf Maßnahmen zur Belebung der Nachfrage gedrungen. Sie sollten im wesentlichen darin bestehen, während der Sommermonate zum „Rheingold"-Stamm ab Mannheim einen Flügelzug durch mehrere, bislang abseits der großen Verkehrsströme gelegene Fremdenverkehrsregionen zu fahren. So entstand die reizvolle durchgehende Route Mannheim–Heidelberg – Heilbronn – Stuttgart – Schwäbisch Gmünd–Aalen–Nördlingen–Donauwörth–Augsburg–München für den als TEE 17/16 bezeichneten neuen innerdeutschen Trans-Europ-Expreß.

Gleichzeitig wurde zwischen den beteiligten Staatsbahnen festgelegt, daß neben den bisherigen Kurswagen Amsterdam–Brig und Amsterdam–Chiasso bzw. zur Wintersaison Amsterdam–Chur im „Rheingold" während des Sommerabschnitts ein 1.-Klasse-Großraumwagen der DB zwischen der niederländischen Metropole und München zu führen sei, der in Mannheim auf TEE 17 überging bzw. dort aus TEE 16 übernommen wurde.

Als augenfälligste Neuerung muß indessen der sog. „Rheingold-Clubwagen" angesehen werden, der im Sommer dem Münchener Flügel beigegeben wurde, zur übrigen Jahreszeit jedoch nach Basel lief. Er wurde von seinen Initiatoren als „zentraler Ort der Begegnung" verstanden, wo besonders ausgebildete, sprachkundige Damen den Gästen mit Rat und Tat zur Seite stehen sollten. Darüber hinaus hatten Fremdenverkehrsgebiete ebenso wie einzelne Städte und Gemeinden hier Gelegenheit zur Präsentation von Land, Leuten und typischen Produkten, zu Folkloredarbietungen und zur kurzweiligen Unterhaltung der Fahrgäste ganz allgemein.

Eine Bereicherung erfuhr auch das gastronomische Angebot der Deutschen Schlafwagen- und Speisewagen-Gesellschaft (DSG) im Zugrestaurant, ergänzt um einen verbesserten Abteilservice am Platz, wie er in ähnlicher Form bereits 1928 – allerdings ohne die Alternative Speisewagen – angeboten worden war. Sehr rasch fand im übrigen der spezielle Clubwagen-Dienst mit landschaftstypischen kleineren Speisen und Getränken, darunter dem beliebten Bier vom Faß, beim Publikum Anklang und entsprechenden Zuspruch.

Und schließlich bot die Bahn als Spezialangebot der DB-Touristik seit 1983 sog. „Rheingold-Touren" an, die dem Deutschland-Bummler neben der Bahnreise Unterwegs-Programme für alle touristisch interessanten Halte dieses TEE eröffneten. Dabei konnten die Offerten nicht nur im In- und Ausland, sondern gleichermaßen auch im Zug selbst bei der Stewardeß gebucht werden.

Ohne Zweifel war es der DB gelungen, mit ihrem neuen Paradezug das Niveau des TEE „Rheingold" deutlich anzuheben, wobei der in offiziellen Verlautbarungen verwendete Zusatz „in einem ersten Schritt" Beachtung verdient, ließ er doch weitergehende Aktivitäten für die Zukunft erwarten.

Zunächst jedoch wurden für die Garnituren des „Rheingold“ keine Neubauwagen beschafft, sondern wie bereits 1951 aus dem vorhandenen Rollmaterialpark die benötigten Exemplare zur Aufarbeitung ausgewählt. Dabei erhielten sie im Rahmen ihrer Generalüberholung eine Sonderausstattung.

Dies galt in erster Linie für den sog. „Clubwagen“, einen bislang in Regelzügen der DB unbekannten Fahrzeugtyp. Als Vorbild dürfte hierbei der im Turnusverkehr seit einigen Jahren erfolgreich eingesetzte „TUI-Treff“ gedient haben, ein Mehrzweck-Gesellschaftswagen, dessen Kernstück in einem mit aufgelockerter Drehsessel-Bestuhlung und kleinen Tischen ausgestatteten Großraum, einer 6,20 m langen Theke sowie Kiosk und Glasvitrinen bestand. Zu diesem Zweck hatte man aus drei Apmh[121] die Sitzreihen entfernt, jeweils 11 Fenster verschlossen und durch das Einschweißen besonderer Verstärkungen in das Kastengerippe die Eigenschwingungen erheblich gemindert. Anstelle der ehemaligen Gepäckablagen wurden Vorratsschränke installiert, die Garderobe und eine Toilette entfernt, ein Wirtschaftsraum mit Zwei-Platten-Kocher, Kühlschrank, Spüle, Dunstabzug und mehreren Regalen eingebaut. Ebenso gelangten ein Personalraum, ein eigenes Personal-WC, weiterer Stauraum und zusätzliche Schaltgeräte zum Einbau.

Statt der 24 Volt-Batterie im Untergestell hatte man zudem Trafo, Ladegerät und eine Kühlmaschine vorgesehen. Und zur Innenausstattung gehörten auch eine Kaffeemaschine und die Zapfanlage für Faßbier.

Die geschmackvolle Großraumeinrichtung bestand aus 15 Seitenwandtischen und insgesamt 34 Drehsesseln, die sich jeweils vor und zwischen den Tischen befanden. Der Fußboden war mit hellblauem Teppichboden (hinter bzw. unter der Bar mit PVC) ausgelegt. Alle sichtbaren Teile der Wände und der Bartheke hatte man mit Echtholzfurnier (Teak) beklebt, während die Decke aus pyramidenartig ausgebildeten Segeln bestand. Das gesamte Design und nicht zuletzt die indirekte Beleuchtung verliehen dem Innenraum eine freundliche Atmosphäre. Die reichliche Verwendung von Kunststoffen ließ Behaglichkeit jedoch nicht so recht aufkommen.

Der neue „Rheingold“-Schriftzug am Clubwagen.

Unterhaltsame Reise im Clubwagen.
Foto: Deutsche Bundesbahn

Sondermedaille der Stadt Schwäbisch Gmünd zur Jungfernfahrt des neuen TEE „Rheingold“.

Begrüßung des „Rheingold“-Flügelzuges nach Schwäbisch Gmünd, Aalen, Nördlingen, Donauwörth, Augsburg und München auf seiner ersten Fahrt in Stuttgart Hbf.
Foto: Deutsche Bundesbahn

Eine Auffrischung ihres Interieurs erfuhren auch drei Speisewagen WRmh[132], 15 TEE-Abteilwagen Avmz[111] sowie 6 Großraumwagen Apmz[122], so daß für das von der DB so bezeichnete „Flaggschiff Rheingold“ mit Beginn des Fahrplanwechsels im Mai 1983 insgesamt 27 vollaufgearbeitete, mit der europäischen Knorr-Einheitsbremse und elektrischer Mehrspannungsanlage ausgerüstete Wagen zur Verfügung standen (vgl. Tabelle 5, Seite 105). Bis auf ihre orangefarbenen Applikationen unterschieden sie sich äußerlich nur wenig von dem übrigen, für die 1. Klasse der Intercity-Züge bestimmten Rollmaterial. Doch sollte der hiermit unternommene Schritt zur Anhebung des Niveaus im „Rheingold“ begrüßt werden.

So sahen es auch die Bewohner des Neckar- und Remstals, als für sie mit der feierlichen Eröffnungsfahrt am 19. Mai 1983 „rheingoldene Zeiten“ anbrachen. Der Vorstand der DB hatte Vertreter aus Wirtschaft und Politik ebenso wie Presse, Rundfunk und Fernsehen eingeladen, um ihnen das Flair des „neuen Zuges“ zu bieten. Dabei konnten die Gäste auf allen Haltebahnhöfen zwischen Düsseldorf und München, insbesondere aber zwischen Eberbach und Augsburg, wahre Volksfeststimmung erleben.

Stellvertretend für die vielen bunten Gesangs-, Tanz- und Trachtengruppen, Willkommensworte und Festansprachen soll die „Begrüßung im Schwabenland“ zeigen, daß man der Eisenbahn (und damit auch sich selbst) Glück und Erfolg wünschte:

Grüß Gott und au en guata Tag
i älle miteinander sag.
Ihr send jetz, was a jeder woiß,
a Stückle weit durch's Badisch groist
ond hend na vo Heilbronn dort dronta
in onser schönes Stuagart gfonda.
Ond Stuagart isch, ma ka's erleba
die Großstadt zwischa Wald und Reba.
Sie kennet doch, was jeder ka,
sell Liedle von der Eisenbah,
an die i, i han sparsam denkt,
han selbigsmol mei Goißbock g'hengt.
Der Zug, i han des lerna müssa,
hot sellem Bock dr Kopf ragrissa.
Drum stand i heit ganz ohne da
als Bauer von der Eisebah.

Willkomma hier im Schwobaland,
mit bietet Ihne Herz ond Hand
und zoiget Ihne gern ond glei,
auf daß es unterhaltsam sei
a Strecke, die ma net so kennt,
a Strecke, wo ma net so rennt.
Ond stellet Sie sich bloß mol vor,
die Streck' gibt's 120 Johr.
Mir haltet do in Schwäbisch Gmend,
a Städtle, das a jeder kennt.
Da gibt's en Aala no a Rascht,
ma isch ja dort recht gern zu Gascht.
Ond wenn dr Zug no wieder hält,
Sie hend do kaum bis drei no zählt,
no send se scho ins Boirisch g'reist,
wie Nördlinga em Ries beweist.

's send alte Städt' ond jonge Flecka,
mr ka se leicht vom Zug entdecka,
ond zwischa dren gibt's grüne Aua,
die Auga könnet net gnuag schaua.
Am Anfang isch's no süßer Wei,
danach, da werdet's Wälder sei.
I glaub, i han genügend gschwätzt,
die Reis', die wird jetzt fortgesetzt.
I wünsch so arg i wünsche ka,
Erfolg der neue Eisebah.
Des neue Zügle, es mög g'linga,
soll viele Fremde zu ons brenga,
ond älle stimmet fröhlich a,
des Liedle, das a jeder ka.

Seit dem 29. Mai 1983 verkehrte der TEE „Rheingold“ planmäßig auf seiner Stammstrecke bis und ab Mannheim mit neun Wagen. Je ein Abteil-, Großraum- und der Club-

Tabelle 5: Generalüberholte Wagen für den Einsatz im TEE „Rheingold“ ab 1983

<table>
<tr><th>Wagennummer nach UIC</th><th>DB-Bauart</th><th>Wagentyp</th><th>Länge über Puffer</th><th>Sitzplätze</th><th>Erbauer</th><th>Lieferjahr</th><th>Bemerkungen</th></tr>
<tr><td>61 80 19–90 161-9</td><td rowspan="15">Avmz[111.1]</td><td rowspan="15">Abteilwagen</td><td rowspan="21">26,40 m</td><td rowspan="15">54</td><td rowspan="15">Wegmann, Kassel</td><td rowspan="6">1973</td><td rowspan="21">bei Ablieferung $V_{max} = 160$ km/h</td></tr>
<tr><td>61 80 19–90 162-7</td></tr>
<tr><td>61 80 19–90 163-5</td></tr>
<tr><td>61 80 19–90 164-3</td></tr>
<tr><td>61 80 19–90 165-0</td></tr>
<tr><td>61 80 19–90 166-8</td></tr>
<tr><td>61 80 19–90 202-1</td><td rowspan="9">1974</td></tr>
<tr><td>61 80 19–90 203-9</td></tr>
<tr><td>61 80 19–90 204-7</td></tr>
<tr><td>61 80 19–90 205-4</td></tr>
<tr><td>61 80 19–90 206-2</td></tr>
<tr><td>61 80 19–90 208-8</td></tr>
<tr><td>61 80 19–90 209-6</td></tr>
<tr><td>61 80 19–90 210-4</td></tr>
<tr><td>61 80 19–90 211-2</td></tr>
<tr><td>61 80 18–90 069-5</td><td rowspan="6">Apmz[122]</td><td rowspan="6">Großraumwagen</td><td rowspan="6">51</td><td rowspan="3">Wegmann, Kassel</td><td rowspan="3">1975</td></tr>
<tr><td>61 80 18–90 070-3</td></tr>
<tr><td>61 80 18–90 076-0</td></tr>
<tr><td>61 80 18–90 085-1</td><td rowspan="3">WU, Berlin</td><td rowspan="3">1976</td></tr>
<tr><td>61 80 18–90 086-9</td></tr>
<tr><td>61 80 18–90 098-4</td></tr>
<tr><td>61 80 88–70 215-3</td><td rowspan="3">WRmh[132.0]</td><td rowspan="3">Speisewagen</td><td rowspan="3">27,50 m</td><td rowspan="3">42</td><td rowspan="3">O & K, Berlin</td><td rowspan="3">1966</td><td rowspan="3"></td></tr>
<tr><td>61 80 88–70 218-7</td></tr>
<tr><td>61 80 88–80 221-9</td></tr>
<tr><td>61 80 89–70 401-8</td><td rowspan="3">WGmh[804]</td><td rowspan="3">Clubwagen</td><td rowspan="3">26,40 m</td><td rowspan="3">34</td><td rowspan="3">MAN</td><td rowspan="3">1968</td><td>ex Apmh[121] 61 80 18–80 115-8</td></tr>
<tr><td>61 80 89–70 402-6</td><td>ex Apmh[121] 61 80 18–80 116-6</td></tr>
<tr><td>61 80 89–70 403-4</td><td>exApmh[121] 61 80 18–80 119-0</td></tr>
</table>

Zusammengestellt mit freundlicher Unterstützung durch die ZVL der Deutschen Bundesbahn, Mainz, und Herrn Joachim Deppmeyer, Uelzen

wagen bildeten den Flügelzug TEE 17/16, wobei der Kurswagen Amsterdam–München im Sommerabschnitt die nachfolgende Verbindung entstehen ließ:

7.49 Uhr ab	Amsterdam CS	an 20.03 Uhr
8.21 Unr ab	Utrecht CS	an 19.31 Uhr
9.01 Uhr ab	Arnheim	an 18.59 Uhr
9.33 Uhr ab	Emmerich	an 18.31 Uhr
10.10 Uhr ab	Duisburg Hbf	an 17.56 Uhr
10.24 Uhr ab	Düsseldorf Hbf	an 17.42 Uhr
10.49 Uhr ab	Köln Hbf	an 17.16 Uhr
11.08 Uhr ab	Bonn Hbf	an 16.54 Uhr
11.41 Uhr ab	Koblenz Hbf	an 16.23 Uhr
12.34 Uhr ab	Mainz Hbf	an 15.32 Uhr
13.32 Uhr ab	Mannheim Hbf	an 14.35 Uhr
13.44 Uhr ab	Heidelberg Hbf	an 14.22 Uhr
14.09 Uhr an	Eberbach (Neckar)	ab 13.54 Uhr
14.46 Uhr an	Heilbronn Hbf	ab 13.19 Uhr
15.26 Uhr an	Stuttgart Hbf	ab 12.44 Uhr
16.04 Uhr an	Schwäbisch Gmünd	ab 12.03 Uhr
16.22 Uhr an	Aalen	ab 11.47 Uhr
16.49 Uhr an	Nördlingen	ab 11.18 Uhr
17.08 Uhr an	Donauwörth	ab 10.58 Uhr
17.29 Uhr an	Augsburg Hbf	ab 10.38 Uhr
18.03 Uhr an	München Hbf	ab 10.04 Uhr

Die Fahrzeit war freilich länger als die im „Intercity“-Stundentakt gebotene. Doch dafür reiste man auch exklusiver. Freilich nur während der Sommermonate. Zur übrigen Zeit sollte der schweizerische Bundesbahnhof in Basel südlicher Endpunkt des letzten deutschen TEE sein, wobei der Clubwagen selbstverständlich auf dieser Route verkehrte und aus Zweckmäßigkeitsüberlegungen in unmittelbarer Nachbarschaft zum Zugrestaurant eingereiht wurde. Für die Strecke Amsterdam–Basel wies das Amtliche Kursbuch Winter 1983/84 – einschließ-

Ein bemerkenswertes Ereignis war die zweimalige Einreihung des EK-Vorkriegs-„Schürzen"-Speisewagens in den TEE „Rheingold" 1983. Die Aufnahme entstand bei Schallstadt.
Foto: Martin Weltner

lich aller Unterwegshalte – eine Fahrzeit von 7 Std. 41 Minuten, in der Gegenrichtung sogar nur 7 Std. 37 Minuten aus, sechs Minuten weniger als während der Sommerperiode, weil das Rangiermanöver in Mannheim entfiel.

Doch der erhoffte Erfolg wollte sich nicht zeigen. Obgleich oder gerade weil die Benutzerzahlen rückläufige Tendenzen erkennen ließen, bemühte man sich laufend, den „Rheingold" zu verbessern. Orientierungshilfen hierzu lieferten die Ergebnisse einer begleitenden Marktuntersuchung zum „Projekt TEE Rheingold" aus dem Jahre 1983. Hierbei hatten 72,5% der befragten Fahrgäste Positives zu sagen. Sie meinten, der Zug sei komfortabel, niveauvoll und exklusiv, er strahle eine ruhige und zugleich gemütliche Atmosphäre aus, erfordere kein Umsteigen, biete erhöhten Service ohne Überfüllung und habe eine willkommene Streckenführung. Unter den negativen Anmerkungen verdienen indessen folgende Feststellungen Beachtung: der Zug müßte schneller werden, die Gepäckfrage bedürfe einer Regelung (verschließbare Boxen), die Plätze im Clubwagen seien zu eng, Fahrgeräusche und Lautsprecher sollten weniger störend sein. Allem voran aber meinten die meisten, es fehle der Aussichtswagen!

Nur als kleinen Schritt auf dem geplanten Weg zur Verbesserung des Angebots kann man den speziellen Nachrichtenservice bezeichnen, der den Fahrgästen seit Februar 1984 geboten wurde. Weit erfolgversprechender hingegen wäre die Verwirklichung eines als notwendig erkannten, grundlegend neuen Konzeptes gewesen, wozu so entscheidende Überlegungen wie der Rückbau der sechsplätzigen Abteile in solche mit nurmehr vier Sitzplätzen, verbunden mit der Einrichtung verschließbarer Gepäckboxen, aber auch anderer Ausstattungsmerkmale ebenso wie das gesamte Betreuungskonzept gehörten.

Mit „Romantik live im Komfortzug der Bahn" allein waren zusätzliche Gästeschichten kaum zu gewinnen, ja nicht einmal der Benutzerkreis zu bewahren, zumal sich das „Flaggschiff“ im Hinblick auf Geschwindigkeit und Reisekomfort nur noch unwesentlich vom allgemein angewachsenen Standard des zweiklassigen Intercity-Netzes abhob, das mit stündlichem Angebot schneller Verbindungen auf vier Linien seit Ende der siebziger Jahre konsequent zum Spitzenprodukt der Deutschen Bundesbahn ausgebaut worden war. Dieses schloß sowohl die traditionsreiche Mittelrheinstrecke als auch die Verbindung mit der Schweiz über Basel und damit den überwiegenden Streckenanteil des „Rheingold“ ein, was nicht ohne (negative) Auswirkungen auf diesen Zug bleiben konnte.

Ebenso wirkten sich veränderte Reisegewohnheiten aufgrund des technischen Fortschritts, d. h. eine Abwanderung wesentlicher Teile des Schienenverkehrs mit Großbritannien auf das Flugzeug aus, wodurch der „Rheingold“ bereits zum Sommerfahrplan 1979 seine Anbindung an die nächtliche Kanalfähre in Hoek van Holland verloren hatte. Damals beschränkten ihn die Niederländischen Eisenbahnen allein auf Amsterdam, was hinsichtlich seines Gästepotentials ebensowenig dienlich war wie die ganzjährige Führung des Flügelzuges TEE 16/17 südlich Mainz bei gleichzeitiger Verlegung auf den kürzeren und somit bedeutend schnelleren Laufweg über Darmstadt–Heidelberg–Stuttgart–Ulm nach München (und während des Sommers weiter bis Salzburg) ab Jahresfahrplan 1985/86. Gleiches gilt für eine zum selben Zeitpunkt eingerichtete frühere Lage des Zuglaufs in der Nord-Süd-Richtung, dessen Stamm nunmehr die Bezeichnung TEE 14/15 führte.

Es verwundert also nicht, daß die Wirtschaftlichkeit des einstigen Luxuszuges bald nicht mehr gegeben war. Untersuchungen und Beratungen, wie eine Attraktivitätssteigerung die Nachfrage beleben könnte, kamen somit zu spät, um eine Trendwende herbeizuführen. Ohne eine grundlegende Überprüfung und nachfrageorientierte Änderung des Marketingkonzepts, die neben der optimalen Streckenführung und Fahrplanlage auch alle übrigen Bereiche, d. h. Fahrzeugausstattung und die gesamte Servicepalette einschließt, mußten die Bemühungen letztendlich erfolglos bleiben.

Der 1983 eingeführte „Clubwagen“ wies zwar in die richtige Richtung. Hier präsentierten über vier Jahre hinweg mehr als 220 Fremdenverkehrsstellen ihr touristisches Angebot, wobei der stets gut besuchte

Flügelzug TEE 17 vor der Harburg im Juni 1984. Foto: Werner Sölch

Ein Jahr später: der „Rheingold“ verläßt Augsburg Hbf in Richtung München. Foto: Hans-Georg Kleine

TEE 15 bei der Ausfahrt aus dem Banktunnel südlich St. Goar am 24. Mai 1987; im Vordergrund eine Bronze-Statue der Loreley am Schutzhafen St. Goarshausen. Foto: Hans-Georg Kleine

„zentrale Ort der Begegnung" abwechselnd Weinstube, Bierkeller, Spielbank, Schnitzerwerkstatt, Römerbad, Gemäldegalerie, Theaterbühne oder „nur" musikalische Unterhaltungsstätte war. Doch dieser Wagen allein konnte den Nimbus des Zuges nicht bewahren. Solange elegantes (nicht nur zweckmäßiges) Dekor fehlte, mußte einem „Flaggschiff" der dauerhafte Erfolg versagt bleiben, insbesondere dann, wenn Zielorte und Trassen mehrfach wechselten. Ein „Rheingold" ohne Kurswagenläufe in (besser: durch) die Schweiz oder mit der zuletzt angestrebten Destination Wien, ausgehend von Dortmund, konnte sich nicht als Spitzenprodukt und lebensfähig erweisen.

Dies galt um so weniger, als bereits auf der Europäischen Fahrplankonferenz 1986 in Augsburg die grundsätzliche Einstellung aller noch bestehenden TEE-Verbindungen zum Ende des Jahresfahrplans 1986/87 beschlossen worden war. Allein für den „Rheingold" und den mit SBB-Mehrstrom-Triebwagen bedienten „Gottardo" hatte man eine Ausnahmeregelung gegenüber dem ab 31. Mai 1987 einzuführenden neuen Markenartikel „EuroCity" vereinbart, einem grenzüberschreitenden Netz aus zunächst 64 Zugpaaren im bislang schon von den deutschen Intercity-Zügen gebotenen Standard.

Doch aufgrund eingehender Analysen, Beratungen und der Erkenntnis, daß angesichts momentaner Dollarschwäche und hieraus sich ergebender rückläufiger US-amerikanischer Besucherzahlen eine rasche Trendwende in der Nachfrage für den „Rheingold" nicht zu erwarten sei, entschloß sich die Deutsche Bundesbahn, ihr „Flaggschiff" letztmalig am 30. Mai 1987 verkehren zu lassen.

Das Echo auf diese Entscheidung reichte von Verwunderung über Bedauern bis Unverständnis. Von wehmütigem Abschied war da die Rede, vom Ende eines bedeutsamen Kapitels der Eisenbahngeschichte oder vom „Opfer eines Stückes der Reisekultur".

Wie immer man dieses Ereignis auch beurteilen mag, eines sollte man bedenken: Jedes Unternehmen braucht und profitiert von einem Spitzenprodukt – auch die in schwierigem Wettbewerb stehende Bahn. Und gerade deshalb darf man wohl zu recht auf einen „neuen Rheingold" hoffen. ...

Das Titelblatt eines Werbeprospektes für die „Rheingold"-Route. Foto: Sammlung Hünemörder

Ein „Zugbegleiter" der schnellsten Reiseverbindung von der Nordsee zu den Alpen.
Foto: Verkehrsmuseum Nürnberg

Der „Rheingold" in Farbe

Im Laufe von sechs Jahrzehnten änderte sich mehrfach auch das äußere Erscheinungsbild des „Rheingold". Die einzelnen Entwicklungsphasen sind auf den folgenden Bildseiten nahezu vollständig dokumentiert.

Reisen im 2. Klasse-Salonwagen des „Rheingold" – ein zeitgenössisches Aquarell um 1928.
Foto: Sammlung Bündgen

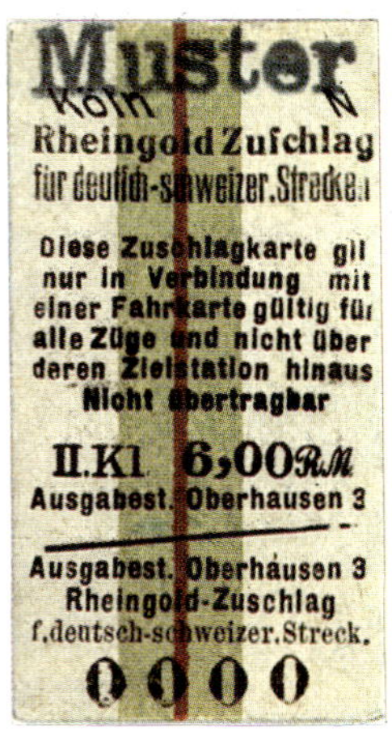

Muster
Köln N
Rheingold Zuschlag
für deutsch-schweizer. Strecken
Diese Zuschlagkarte gilt nur in Verbindung mit einer Fahrkarte gültig für alle Züge und nicht über deren Zielstation hinaus
Nicht übertragbar
II. Kl. 6,00 RM
Ausgabest. Oberhausen 3
Ausgabest. Oberhausen 3
Rheingold-Zuschlag
f. deutsch-schweizer. Streck.
0000

Muster
Köln N
Rheingold Zuschlag
f. deutsch-niederländische Strecken
Diese Zuschlagkarte gilt nur in Verbindung mit einer Fahrkarte gült. für alle Züge und nicht über deren Zielstation hinaus
Nicht übertragbar
I. Kl. 10,50 RM
Ausgabest. Köln MER. I
Ausgabest. Köln MER. I
Rheingold-Zuschlag
für deutsch-niederländische Strecken
0000

Im Archiv des Nürnberger Verkehrsmuseums werden diese historischen Zuschlagkarten aufbewahrt.

Und so sah der Künstler den gediegenen Komfort in der 1. Klasse.
Foto: Sammlung Bündgen

Nach dem 2. Weltkrieg: Der „Rheingold-Expreß" fährt wieder. Betriebsaufnahme aus dem Monat Mai 1951. Das Wagenmaterial war – der Zeit entsprechend – zwar weniger exklusiv, doch bildete dieser Zug den sichtbaren Beweis für wieder aufkommenden Komfort.
Foto: H. Säuberlich

Mit Beginn des Sommerfahrplans 1962 setzte die Deutsche Bundesbahn erstmals klimatisierte Neubauwagen im Fernschnellzug „Rheingold" ein. Bis zur Fertigstellung der hierfür vorgesehenen Triebfahrzeuge kamen vorübergehend sechs für 160 km/h hergerichtete und farblich der Wagengarnitur angeglichene Regellokomotiven (E 10 1239–1244) zum Einsatz. Das Foto zeigt F 10 am ersten planmäßigen Betriebstag, dem 27. Mai 1962, einfahrend nach Köln Hbf.
Foto: Friedhelm Ernst

Begegnung des südwärts fahrenden „Rheingold" mit einem für die sechziger Jahre typischen blauen Fernschnellzug 1962 in Remagen.
Foto: Eduard Bündgen

Die blau/elfenbeinfarbene „Interimslok" E 10 1243 des Bw Heidelberg vor der Ausfahrt aus Köln Hbf im Mai 1962.
Foto: Friedhelm Ernst

Rechts oben: Mit der Einbindung des „Rheingold" in das TEE-System vollzog sich auch seine farbliche Anpassung. Während einer Übergangszeit präsentierte sich der Zug farblich bunt gemischt, wie hier Anfang März 1966 bei Kalscheuren. Foto: Friedhelm Ernst

Ungewohnt war die teilweise doppelstöckige Ausführung der 1962 und 1963 in Dienst gestellten Speisewagen.
Sie ermöglichte es, 48 Sitze und damit die größte Platzzahl in einem deutschen Speisewagen anzubieten.
Foto: Eduard Bündgen

Rechts Mitte: Einfahrt des TEE 10 nach Duisburg Hbf im August 1968.
Abweichend von der Regeltraktion, führt die blaue 110 276 – 3.
Foto: Lutz Hartmann

Rechts unten: Umstellung der Kurswagengruppe Dortmund–Basel mit Aussichts-, Speise- und Großraumwagen vom TEE „Rheinpfeil" auf den „Rheingold" in Duisburg Hbf (August 1968).
Foto: Lutz Hartmann

E 10 1265

110 276-3

Rechts oben: Bis Mai 1987 ein gewohnter Anblick – die sechsachsige Schnellfahrlok vom Typ 103 vor dem „Rheingold" bei Kalkum. Foto: Klaus-Dieter Bätz

In den achtziger Jahren wurde die niederländische Bo'Bo'-Alsthom-Lok der Reihe 1100 zum Regel-Triebfahrzeug des „Rheingold" auf dem NS-Netz.
Foto: Karlheinz Hartung

Eine Re 4/4I der Schweizerischen Bundesbahnen (SBB) mit grünem Anstrich und montiertem TEE-Emblem bringt die aus vier Wagen bestehende Stammgarnitur von Genf bis Basel SBB (Genève Cornavin, August 1967).
Foto: Bernat von Mitzlaff

Rechts unten: Zum (vorläufigen) Abschied mit einem Blumenstrauß geschmückt: TEE 15 im Rheintal nördlich von Remagen, Mai 1987.
Foto: Friedhelm Ernst

Kalkum

DB

Nach dem 2. Weltkrieg fanden die einstigen „Rheingold"-Salonwagen keine Verwendung mehr in ihren angestammten Diensten. Neun Einheiten gelangten nach Umbau zu Speisewagen an die Deutsche Schlafwagen- und Speisewagen-Gesellschaft (DSG) bzw. später an die DB, wie der ehemalige SB 4 üK–29 10 715 (24 515), hier in Köln Hbf 1972.
Foto: Friedhelm Ernst

Ab 1951 zunächst blau lackiert und im F-Zug-Einsatz, beendete der einstige SAB 4 ü–28/34 10 706 (24 506) seine „Laufbahn" bei der Deutschen Bundesbahn als grünfarbiges Begleiterfahrzeug in Autotransportzügen, ehe er vom Freundeskreis Eisenbahn Köln übernommen, äußerlich in den Ursprungszustand versetzt und schließlich an das Reisebüro Intraflug abgegeben wurde. Das Foto entstand 1972 im AW Krefeld-Oppum.
Foto: Friedhelm Ernst

Rechts: Eine der gelungensten Auslandsfahrten unternahm der historische „Rheingold" zu Pfingsten 1981 über die Gotthardstrecke und die wiederhergestellte hochalpine Tenda-Bahn in den französisch/italienischen Seealpen zur Côte d'Azur. Geführt von zwei französischen Diesellokomotiven der Reihe BB 63 000, läuft in Zugmitte der schweizerische Museums-Speisewagen Nr. 25.
Foto: Archiv Intraflug

Ihre längste Nutzung bei der DB erfuhren die drei Anfang der fünfziger Jahre als sog. „Tanzwagen" für Sonderfahrten hergerichteten ehemaligen „Rheingold"-Wagen 10 703 (24 503), 10 707 (24 507) und 10 717 (24 517). In einem Extrazug am Karsamstag 1980 wurde der rote WG 51 80 89 – 43 521 – 9 (zuvor 10 802) mitgeführt (Aufnahme in Münster/Westf. Hbf). Mittlerweile verkehrt das vorbildlich restaurierte Fahrzeug im „Nostalgie-Istanbul-Orient-Expreß".
Foto: Friedhelm Ernst

So hatte es am 7. März 1970 begonnen: das vielbeachtete „Wiedersehen mit dem Vorkriegs-Rheingold", dem mittlerweile weit über 350 Einsätze folgten. Auf dem Bild ist der aus allen Teilen des Bundesgebiets zusammengeführte Wagenpark hinter der DB-Lokomotive 01 128 – 8 bei der Einfahrt nach Bingerbrück zu sehen. Foto: Friedhelm Ernst

Unter dem Namen „Ostsee-Rheingold" fuhren im September 1981 drei Wagen als Sonderzug von Köln über Nürnberg, Prag, Dresden, Berlin, Saßnitz, Trelleborg, Malmö, Helsingör, Kopenhagen, Gedser, Warnemünde, Rostock, Stendal und Hannover zurück an den Rhein. Zwischen der dänischen Hauptstadt und dem Fährschiff sieht man die „Atlantic"-Dampflok 917 in bestem Pflegezustand. Foto: Friedhelm Ernst

Festzug „100 Jahre Györ-Sopron-Ebenfurti Vásut“, gebildet aus der in Kanada gebauten MAV-Dampflok 411.144, einem Dienst- und zwei FEK-„Rheingold“-Wagen, am 27. Oktober 1979 in Ungarn.
Foto: Friedhelm Ernst

Im Rahmen der Feierlichkeiten zum 150jährigen Bestehen der deutschen Eisenbahnen 1985 war selbstverständlich auch der historische „Rheingold“ vertreten, wie hier hinter der DB-Museumslok 23 105 auf der Fahrt von Bayreuth nach Nürnberg. Foto: Joachim Schmidt

Zum Jubiläum „25 Jahre eisenbahn magazin“ brachte die ölgefeuerte Einheits-Dampflokomotive 41 360 den „schönsten deutschen Reisezug“ kraftvoll über die Steilrampe Erkrath-Hochdahl zwischen Düsseldorf und Wuppertal.
Foto: Jürgen Schellberg

Wiedersehen mit dem Vorkriegs-„Rheingold“

Der Freundeskreis Eisenbahn Köln kaufte 1970 diese beiden ausgemusterten, 42 Jahre alten Wagen des einstigen Luxuszuges. Foto: Friedhelm Ernst

„Am 7. und 8. März 1970 fuhr der berühmte ‚Rheingold-Expreß‘ in doppelter Ausführung: einmal mit der luxuriösen, bordeauxrot-crèmefarbenen Zuggarnitur und Geschwindigkeiten bis zu 160 km/h von Amsterdam bis Genf, zum anderen im gemächlichen Dampfloktempo und mit einem bunt zusammengestellten Wagenmaterial aus dem Jahre 1928 von Köln über Karlsruhe nach Herrenalb.“ So oder ähnlich, zum Teil in Großaufmachung und bebildert, berichteten in der ersten Märzhälfte 1970 etwa 60 Tageszeitungen, Zeitschriften und Fachblätter des In- und Auslandes über ein gewiß nicht alltägliches Ereignis.

Der Freundeskreis Eisenbahn Köln (FEK) hatte nämlich Ende der sechziger Jahre ermittelt, daß von den einstmals 29 „Rheingold“-Wagen noch 12 Stück bei der DB in Dienst standen, zwar weniger exklusiv als früher, als Speise-, Gesellschafts-, Sitz- oder Packwagen ausgestattet, aber doch eben „echte“ Fahrzeuge des einstigen FFD 101/102. Die letzte Dampflokomotive der bayerischen Gattung S 3/6 war freilich längst aus dem Verkehr gezogen, aber auch die Zweizylinder-Einheitslok der Baureihe 01 hatte ja mehrere Jahre hindurch planmäßig vor diesem Zug Dienst getan. Und eine 01 (zudem noch mit altem Kessel) stand noch zur Verfügung: die 001 128-8, wie sie inzwischen hieß.

Nun, eine Sonderfahrt mit alten Wagen und einer Dampflokomotive allein hätte damals wohl kaum ein solches Echo ausgelöst, wären die Mitglieder des FEK nicht in mehr als

Unten links: An den Wochenenden, abends und bis in die Nächte hinein bemühten sich Amateure um die Instandsetzung. Foto: Eduard Bündgen

Unten rechts: In den von der DB zur Benutzung freigegebenen Hallen des Güterwagen-AW Köln-Nippes führten Eisenbahnfreunde Anfang 1970 zunächst an zwei DB-Reisezugwagen der alten „Rheingold“-Bauart Entrostungs- und Ausbesserungsarbeiten durch. Foto: Eduard Bündgen

2300 freiwillig geleisteten Arbeitsstunden und mit einem Mittelaufwand von 5500 DM darangegangen, zwei der insgesamt sechs Wagen des Sonderzuges mit Unterstützung der Bundesbahn äußerlich in den Ursprungszustand zurückzuversetzen. Nicht nur die Originalfarben, sondern ebenso die frühere Beschriftung in erhabenen Lettern, den (runden) Reichsbahnadler, die goldfarbenen Zierstreifen an den Außenwänden und selbst die langjährigen Fahrzeugnummern 10 708 bzw. 10 712 hatten sie in mühevoller Arbeit wieder angebracht. So verwundert es nicht, daß auch in Rundfunkreportagen und Fernsehberichten – darunter sogar in der „Tagesschau“ – das Ereignis seinen publizistischen Niederschlag fand. Aber wer glaubte damals an den Optimismus des FEK-Vorstandes, der die Fahrtteilnehmer mit den Worten verabschiedet hatte: „Wir hoffen, mehrere Wagen dieses einstmals in Köln beheimatet gewesenen Luxuszuges der Nachwelt erhalten zu können“?

Doch schon 13 Monate später sollte es gelingen, im Zusammenwirken mit der Deutschen Bundesbahn vier äußerlich wieder hergestellte Vorkriegs-„Rheingold“-Wagen zu präsentieren – die beiden bekannten Sitzwagen des Vorjahres, mittlerweile auf ihre ursprünglichen Nummern 24 508 und

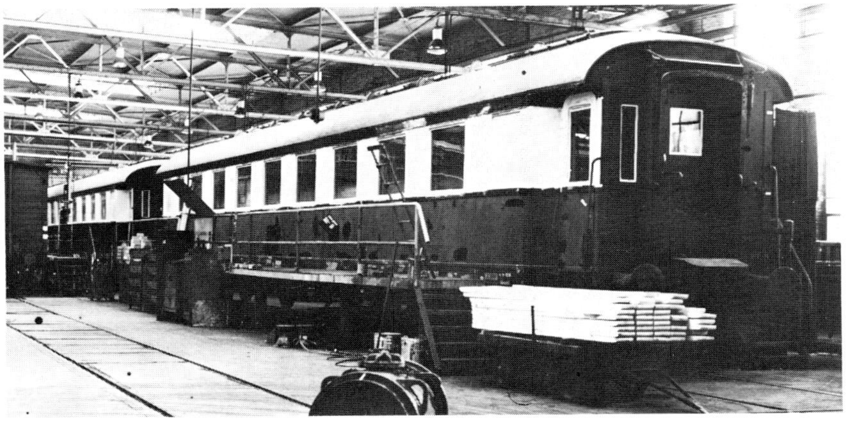

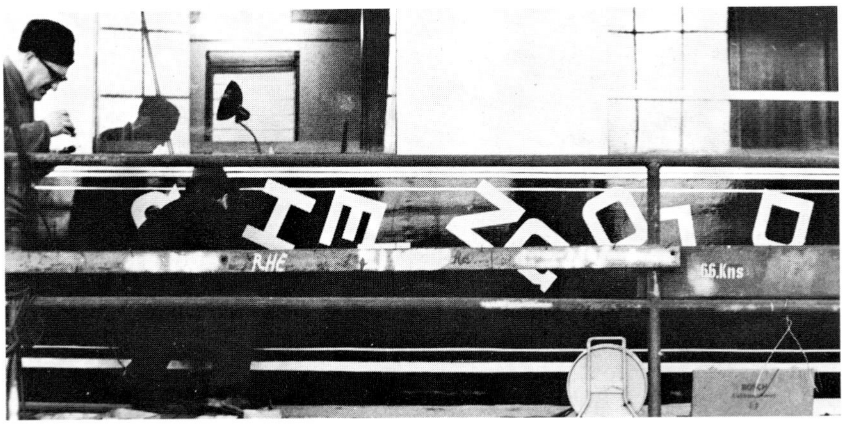

Oben: Mit dem crème-farbenen Anstrich in den Fensterpartien und der violetten („Ford Capri“-) Farbe auf den großen Seitenflächen und Stirnwänden erhielten die Wagen wieder ihr früheres Aussehen. Foto: Eduard Bündgen

Darunter: Um einen möglichst echten Eindruck zu erzielen, wurde auch die ursprüngliche Beschriftung neu angebracht. Foto: Eduard Bündgen

Selbst das Deutsche Fernsehen interessierte sich für das „Wiedersehen mit dem Vorkriegs-Rheingold“. Foto: Friedhelm Ernst

Der historische Zug bei der Ausfahrt aus Bingerbrück (8. März 1970).
Foto: Walter Mielentz

Unten links: Dazwischen liegen fast 50 Jahre: TEE „Rheingold" und einer der restaurierten Wagen aus den zwanziger Jahren. Foto: Friedhelm Ernst

Unten: Alles „echte" Fahrzeuge des einstigen FFD 101/102, im März 1970 zu einem Sonderzug zusammengestellt: hinter der Lok zwei der äußerlich in den Ursprungszustand versetzten Sitzwagen, ein Gesellschafts-, ein Speise-, ein weiterer „Abteilwagen" (noch grün) und der Packwagen.
Foto: Hansruedi Kläfiger

Erster „artreiner“ Einsatz von vier wiederhergerichteten Vorkriegs-„Rheingold“-Wagen: mit der DB-Dampflok 001 199-9 bei Dillingen im Mai 1971.
Foto: Carl Bellingrodt

24 512 umgezeichnet, und zwei durch den Verein käuflich erworbene weitere Fahrzeuge: den DSG-Speisewagen 10 232, jetzt wieder 20 508, und den DB-Packwagen 105 001, der mit der Nummer 90 201 gleichfalls seine ursprüngliche Bezeichnung zurückerhalten hatte. Damit war der Durchbruch erzielt. Der „Rheingold“ trat fortan in allen Teilen der Bundesrepublik Deutschland, aber auch im benachbarten Ausland, in Erscheinung.

Auf mehr als 350 Einsätze dieser Wagen seit ihrer Restaurierung konnte der Freundeskreis Eisenbahn Köln im Jahr 1987 zurückblicken – ohne Zweifel eine stattliche Zahl.

Ein solcher Erfolg wäre wohl kaum zu erwarten gewesen ohne den unermüdlichen Einsatz einer Reihe von FEK-Mitgliedern, die viele Stunden ihrer Freizeit und Arbeitskraft für die Instandhaltung der Wagen, die organisatorischen und betrieblichen Vorbereitungen zu deren Einsatz sowie zur Betreuung der Gäste während der Fahrten beigetragen haben. Niemand geringeres als der deutsche Bundespräsident Dr. D. Gustav Heinemann würdigte bereits im Frühjahr 1972 anläßlich einer vom Bundesverband Deutscher Zeitungsverleger veranstalteten Sonderfahrt diese Leistung mit seiner Eintragung im Gästebuch: „Der alte 'Rheingold' – unvergessen“!

Der FEK-eigene SA 4 ü 20 508 unterscheidet sich heute kaum von seinem Aussehen vor 1939.
Foto: Friedhelm Ernst

Bei einer Sonderfahrt ins österreichische Montafon (Bf. Bludenz).
Foto: Uwe Bohrer

Zwei Vorkriegs-„Rheingold“-Wagen im DGEG-Dampfzug Ottenhöfen-Achern.
Foto: Hans und Heinz Urselmann

Der Nachwelt erhalten

Können Sie sich vorstellen, verehrter Leser, welche Freude es für die Initiatoren dieser Idee gewesen sein mußte, als die fast 50 Jahre alten Wagen fahrbereit auf Europas Schienen zurückkehrten und zu ihren früheren zahlreiche neue Freunde gewannen? Wie Sonderfahrten oder -züge mit den sorgsam restaurierten, violett-crèmefarbenen Salonwagen nicht nur in die Eifel oder ins Weserbergland, an den romantischen Rhein, zur Mosel, in den Schwarzwald oder an den Tegernsee durchgeführt werden konnten? Sondern wie dank des ausgezeichneten Wartungs- und Pflegezustandes der Fahrzeuge selbst die Staatsbahnen der Schweiz, Österreichs, Italiens, Frankreichs, der Niederlande und sogar die österreichisch-ungarische Györ-Sopron-Ebenfurti Vasút ihr Einverständnis zu Plan- und Extrafahrten mit diesen Wagen gaben?!

Für die Kölner Eisenbahnfreunde lag darin eine Bestätigung. Und weil auch die Deutsche Bundesbahn den verkehrswerbenden und nicht zuletzt kommerziellen Wert der mit viel Geld und Idealismus wieder instandgesetzten Fahrzeuge erkannte, überließ sie dem FEK Anfang 1973 mit ihrem Sitzwagen 51 80 18–43 040–6 noch einen weiteren historischen „Rheingold"-Wagen, der zuletzt

„Rheingold"-Heimatbahnhof Köln-Melaten FEK.
Foto: Deutsche Bundesbahn

Die frühere elektrische Schnellfahrlokomotive E 19 und der fast fünfzigjährige „Rheingold" lieferten bei ihrem ersten gemeinsamen Einsatz im Frühsommer 1977 einen anschaulichen Beweis für zeitlose Eleganz.
Foto: Ralf Roman Rossberg

im Tages-Autoreisezug „Christoforus-Expreß" zwischen Düsseldorf und München Ost Verwendung gefunden hatte. Als 24 506 sollte auch er schon bald wieder äußerlich in den Originalfarben zu sehen und – wie die übrigen – für 140 km/h fahrfähig sein. Dabei beließ man zunächst die in den fünfziger Jahren eingebauten Polsterklasse-Abteile mit insgesamt 51 Plätzen, um der erfreulich gestiegenen Nachfrage nach Fahrtmöglichkeiten in diesem außergewöhnlichen Zug besser entsprechen zu können.

Im Februar 1978 ergab sich für den Verein kurzfristig die Gelegenheit, ein viertes Original-Fahrzeug aus DB-Besitz zu übernehmen. Hierbei handelte es sich um den mehr als zwei Jahrzehnte in Frankfurt (M.) Ost unter der Betriebsnummer 10 801 stationierten Gesellschaftswagen 50 80 89–43 520–2, der aus dem früheren SB 4 üK 10 703 (ur-

Drei Epochen: historische „Rheingold"- und TEE-Wagen zusammen mit einer der beiden letzten für die DB entwickelten Schnellzug-Dampflokomotiven. Die Lok ist bereits ausgemustert. Ob die „alten" Wagen auch ihre um 40 Jahre jüngeren Nachfolger überleben werden?
Foto: Friedhelm Ernst

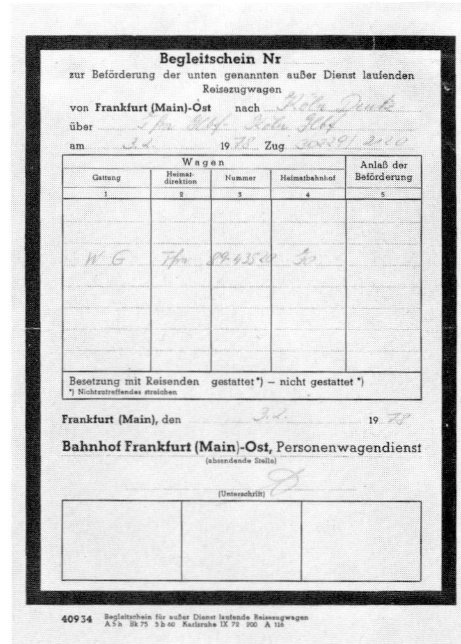

Begleitschein Nr
zur Beförderung der unten genannten außer Dienst laufenden Reisezugwagen

von **Frankfurt (Main)-Ost** nach Köln Deutz
über Ffm Hbf Köln Hbf
am 3.2. 1978 Zug

Wagen				Anlaß der Beförderung
Gattung	Heimat-direktion	Nummer	Heimatbahnhof	
1	2	3	4	5
WG	Ffm	89-43520	Ko	

Besetzung mit Reisenden gestattet *) – nicht gestattet *)
*) Nichtzutreffendes streichen

Frankfurt (Main), den 3.2. 1978

Bahnhof Frankfurt (Main)-Ost, Personenwagendienst
(absendende Stelle)

(Unterschrift)

40934 Begleitschein für außer Dienst laufende Reisezugwagen
A 5 h Bk 75 5 b 60 Karlsruhe IX 72 200 A 116

Oben: Ein Leckerbissen für Eisenbahnfreunde: Lok 50 2222 mit den restaurierten Wagen bei einer FEK-Karsamstagsfahrt durch das Bergische Land (März 1975). Foto: Walter Mielentz

Oben rechts: Der offizielle Begleitschein für die Überführungsfahrt des Frankfurter Gesellschaftswagens 50 80 89–43 520-2 zu seinem neuen Eigentümer Freundeskreis Eisenbahn Köln.

Darunter: Am Langträger amtlich bestätigt: „Heimatbahnhof Köln-Melaten FEK“. Foto: Friedhelm Ernst

Rechts: Im 50. Jahr seines Bestehens: der historische „Rheingold“ mit TEE-Lok 112 494-0 am 29. April 1978 in Karlsruhe. Foto: Joachim Claus

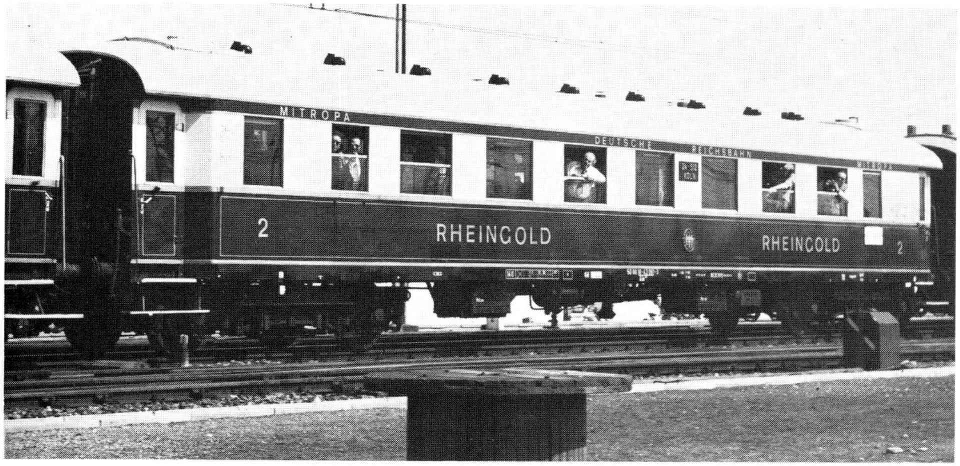

Mit diesem DB-eigenen Sitzwagen 24 512 und einem weiteren gleichartigen Fahrzeug hatte die äußere Restaurierung durch den Freundeskreis Eisenbahn Köln Anfang 1970 begonnen.
Foto: Joachim Claus

Aus Braunschweig ging 1971 der Packwagen 90 201 in FEK-Besitz über.
Foto: Friedhelm Ernst

sprünglich 24 503) hergerichtet worden war, inzwischen aber nicht mehr zeitgemäß erschien.

Als Ergebnis einer zielstrebigen und konsequenten Planung gelang es dem FEK schließlich Ende 1980, auch die letzten beiden noch von der DB eingesetzten einstigen „Rheingold"-Salonwagen mit kleiner Küche, die in Münster (Westf.) bzw. München-Pasing beheimateten WGüke 50 80 89–43 521–9 und 51 80 89–43 522–7, zu erwerben. Dabei trug der letztgenannte bereits die neuen Bundesbahn-Farben ozeanblau/beige und an den Stirnseiten die etwas klobig wirkenden Gummiwülste, die seine pro-

Am letzten Märztag 1971 unterwegs mit der 38 3650 zum Dampflokfest im schweizerischen Degersheim.
Foto: KEC (Steiner)

Am Karsamstag 1982 vielbestaunt in Berleburg: der alte „Rheingold“ aus Köln und die T 3 89 7159 des rührigen Oberlokführers Moll. Foto: Pressebild

Stimmung am Bahnübergang bei Lehrte. Es führt die DB-Lokomotive 050 594-1. Foto: Jochen Mellin

blemlose Verwendung im Verband mit modernen Reisezugwagen sicherten.

Während der aus München gekommene, 1929 gebaute frühere SB 4 üK 10717 (24517) und nachmalige Gesellschaftswagen 10803 beim Freundeskreis Eisenbahn Köln verblieb, war der „Münsteraner“ WG 10802 (früher SB 4 üK 10707 bzw. 24507) für das schweizerische Reiseunternehmen Intraflug AG Zürich bestimmt, das sich durch den Erwerb und die betriebsfähige Erhaltung des sog. „Nostalgie-Orient-Expreß“ einen guten Namen erworben hat und mit dem der FEK seit Mitte der siebziger Jahre eine enge, vertrauensvolle Zusammenarbeit pflegt. Gleichzeitig wechselte der FEK-eigene Sitzwagen 24506 zur Intraflug über. Durch Vermittlung der Kölner Eisenbahnfreunde übernahm diese 1983 auch die beiden am 31. Dezember des Vorjahres von der Deutschen Bundesbahn ausgemusterten „Rheingold“-Sitzwagen 24508 und 24512, die mehr als zwölf Jahre lang – meist in Verbindung mit den FEK-Fahrzeugen – von Köln-Deutzerfeld aus zum Einsatz gekommen waren. Zusammen mit dem im Herbst 1983 vom Verein Braunschweiger Verkehrsfreunde an die Intraflug abgegebenen ehemaligen DSG-Speisewagen 10239 (1239), d. h. dem einstigen SB 4 üK 10715 (24515), stehen somit heute nicht weniger als 9 „Rheingold“-Wagen von 1928/29 in betriebsfähigem Zustand zur Verfügung (vgl. hierzu Tabelle 2, Seite 60/61).

Sonderzug Köln–Münster (Westf.) des Landschaftsverbandes Rheinland für die Landespressekonferenz Nordrhein-Westfalen, am Schluß verstärkt durch einen „Schürzenwagen“.
Foto: Bundesbahndirektion Köln (Fischer)

Was wenige Jahre zuvor noch als Wunschdenken angesehen werden mußte, sollte indes im Juni 1982 gleichermaßen Wirklichkeit werden: die Vorstellung eines „Rheingold“-Fahrzeugs auch mit weitgehend originalgetreu hergerichtetem Interieur. Hatte man sich mehr als 10 Jahre lang fast ausschließlich der äußeren Restaurierung des historischen Wagenparks gewidmet, so galten die Bemühungen nun überwiegend dem Ziel, diese wertvollen Stücke auch im Inneren dem Erscheinungsbild der zwanziger Jahre anzupassen. Obgleich zwei Original-1.-Klasse-Sessel aus dem vormaligen Salonwagen 20508, die als Muster für Nachbauten hätten dienen können, über die inzwischen aufgelöste Bundesbahndirektion Regensburg bzw. Bundesbahndienststellen in Niederbayern an den Freundeskreis Eisenbahn Köln gelangt waren, beschritt man hierbei einen anderen Weg. Er lag im Erwerb der Großraumbestuhlung eines TEE-Mittelwagens VM 11[5], die im Zuge der Umrüstung dieser Dieseltriebwagengarnituren zu Touristikzwecken für die DB entbehrlich geworden waren. Bei etwa gleichen Abmessungen wie in der vormaligen 2. Klasse des „Rheingold“-Zuges, eigneten sich diese komfortablen, mit zartgrünem Velourstoff bezogenen Polstersitze hervorragend für einen Einbau zunächst in den „jüngsten“ FEK-Wagen 24517, der

Auch beim Schwebebahnjubiläum 1976 in Wuppertal durfte der historische „Rheingold“ nicht fehlen.
Foto: Bundesbahndirektion Köln (Säuberlich)

Spezialkomposition mit dem Barwagen der DGEG und DB-Kleinlok 332 307-8 auf dem Weg zum Eisenbahnmuseum Bochum-Dahlhausen.
Foto: Friedhelm Ernst

Am 28. Mai 1977 begegnete der Fotograf im Schweizer Jura bei Roches/BE dem historischen Zug hinter der etwa gleichaltrigen SBB-Lok Ae 4/7 10714. Dieselbe Nummer hatte übrigens mehr als 10 Jahre lang ein 2.-Klasse-„Rheingold"-Wagen getragen.
Foto: Christian Zellwegger

Die letzte betriebsfähige Dampflok in Belgien leistete am 26. April 1980 diesen besonders willkommenen Dienst. Die Aufnahme entstand in Verviers C.
Foto: Max Delie

Im 1.-Klasse-Stil der zwanziger Jahre völlig neu gestalteter „Rheingold“-Salonwagen 24 507 des Reisebüros Intraflug Zürich, geschmacklich wie handwerklich eine Meisterleistung.
Foto: Albert Glatt

zudem noch über die Original-Anrichte aus 1929, eine neu installierte Garderobe, ein gleichfalls neu geschaffenes Reiseleiterabteil und eine nach TEE-Maßstäben gestaltete Toilette verfügt. Anschließend wurde der Speisewagen 20 508 auf gleiche Weise umgestaltet. Beide Fahrzeuge ermöglichen seither auch vom Interieur her bequemes Reisen im Pullman-Stil.

Neben dieser als einmalig zu bezeichnenden Leistung einer nur kleinen Gruppe aktiver Kölner FEK-Mitglieder verdient gleichermaßen das gestalterische Wirken des schweizerischen Reisebüros Intraflug AG gebührende Erwähnung: dort nämlich ließ man in Anlehnung an alte Zeichnungen Einzelfauteuils für eine komplette 1.-Klasse-Bestuhlung eines weiteren „Rheingold“-Wagens nachbauen, der damit 60 Jahre nach seiner ersten Indienststellung noch immer Spitzenqualität für ein anspruchsvolles Reisepublikum auf europäischen Gleisen repräsentiert.

Alle vorgenannten „Rheingold“-Wagen sind auf Vertragsbasis als Privatfahrzeuge in den Park der Deutschen Bundesbahn eingestellt, zum Teil RIC-fähig und folglich auf den meisten europäischen Staats- und Privatbahnen zugelassen. Lauf- und bremstechnisch sind sie für eine Höchstgeschwindigkeit von 140 km/h, d. h. sowohl für den Einsatz als „Mitläufer“ in planmäßigen Schnellzügen als auch in geschlossenen Sonderzügen, geeignet. Die FEK-eigenen Einheiten werden gegen Entgelt durch die zuständigen Dienststellen der DB technisch und lauffähig instandgehalten, wobei für die bahnamtlichen Untersuchungen sowie für größere Aufarbeitungen bzw. Reparaturen das Ausbesserungswerk Krefeld-Oppum verantwortlich zeichnet. Alle übrigen Arbeiten werden von Mitgliedern des Vereins in freiwilliger Tätigkeit geleistet.

An den Langträgern der Wagen des Freundeskreis Eisenbahn Köln steht als Heimatbahnhof „Köln-Melaten FEK“ vermerkt, ein zu Beginn der siebziger Jahre auf dem Gelände des gleichnamigen ehemaligen Güterbahnhofs der Köln-Frechen-Benzelrather Eisenbahn (KFBE) hergerichteter Bahnsteig mit zahlreichen, den Charakter eines Bahnhofs ausmachenden Einrichtungen, wie z. B. Stationsschild, Standlaternen, Telefon, Sitzbänke und ein zweiflügeliges Form-Hauptsignal. Im offiziellen Verzeichnis der DB und im Kursbuch wird man diese Station allerdings vergeblich suchen.

Auf Hauptstrecken, Privatbahnen, Fährschiffen und Rollböcken

Aus einer oftmals als „phantastisch" bezeichneten Idee in den Spätherbsttagen 1969 heraus ist der historische „Rheingold" mittlerweile zu einer Art Markenartikel geworden. Dabei reicht seine Einsatzskala von der Beteiligung an DB-Publikumsveranstaltungen und Streckenjubiläen über Repräsentations-, Presse- und Gästefahrten bis hin zu Sonderdiensten für Kunden der Deutschen Bundesbahn, darunter natürlich zahlreiche Eisenbahnfreunde. Nicht selten liegen die Ziele im Bereich von Privatbahnen oder auch im europäischen Ausland. Selbst zu den vom Gesetzgeber vorgeschriebenen offiziellen Streckenbereisungen der Aufsichtsbehörden über die Gleise nichtbundeseigener Eisenbahnen rund um Köln finden die Wagen Verwendung. Ob „100 Jahre Eifelstrecke", das Centenarium der „Coeln-Mindener Eisenbahn", „125 Jahre Pfalzbahn" oder Feierlichkeiten aus Anlaß des 75jährigen Bestehens von Bundesbahnausbesserungswerken und -zentralämtern, der „Rheingold" war hier gleichermaßen vertreten wie bei heutzutage eher seltenen Streckeneröff-

Auf beschaulicher Fahrt im Achertal.
Foto: Hans und Heinz Urselmann

Mit V 200 auf der noch nicht elektrifizierten Schwarzwaldbahn (Mai 1974).
Foto: Eduard Erdmann

nungen (z. B. bei der Neusser Eisenbahn und der Hambachbahn im rheinischen Braunkohlenrevier). Dasselbe gilt für die Vielzahl namhafter Stadtjubiläen. Repräsentanten aus Kultur, Politik, Wirtschaft und Verkehr lernten ihn kennen und schätzen. Und manchmal profitierte auch die „Aktion Sorgenkind" von solcherart Veranstaltungen.

Waren es in den zwanziger und dreißiger Jahren Schauspieler wie Willy Fritsch, Fritzi Massary, Käthe Gold oder Adele Sandrock, denen man in diesem exklusiven Zug begegnen konnte, so hatte sich das Bild fünf Jahrzehnte später bei den Namen, nicht aber beim allgemeinen Interesse gewan-

Nach 34jähriger Pause erstmals wieder auf SBB-Gleisen, mit Elektrolok der Baureihe Ae 4/7, wie anno 1928–1939.
Foto: Schweizerische Bundesbahnen

Immer dicht umlagert: die „klassische" Komposition beim Dampflok-Abschiedsfest in Stolberg (April 1976).
Foto: Hans und Heinz Urselmann

Dampflokeinsätze sind besonders gefragt, auch wenn es sich (nicht ganz stilecht) um eine Güterzuglokomotive handelt.
Foto: Hans und Heinz Urselmann

delt: Das weltbekannte Boston Symphony Orchestra reiste im FEK-„Rheingold“ von 1928/29 ebenso wie der Kölner Männergesangverein oder die eisenbahnbegeisterten Komiker Walter Giller und Ernst Hilbich. Gleiches gilt für die Unternehmensleitungen der Mannesmannröhren-Werke, der Ruhrgas-AG, die Landespressekonferenz Nordrhein-Westfalen, den Botschafter der Vereinigten Staaten von Nordamerika in der Bundesrepublik Deutschland wie auch Prinz Louis Ferdinand von Preußen, den Enkel des letzten deutschen Kaisers.

Das ständig wachsende Interesse der Öffentlichkeit fand seinen publizistischen Niederschlag in zahlreichen Rundfunk- und

Im Korridor-Personenzug der ÖBB Richtung Sopron (September 1976).
Foto: Friedhelm Ernst

Selbst im Braunkohlen-Tagebau kann man gelegentlich den attraktiven Fahrzeugen begegnen.
Foto: Rheinische Braunkohlenwerke

Rechts: Der langjährige Präsident der Bundesbahndirektion Köln, Dr. Josef Streier – ein engagierter Förderer des „Rheingold“-Gedankens.
Foto: Bundesbahndirektion Köln (Säuberlich)

Daneben: Namhafte Geldbeträge für die „Aktion Sorgenkind“ erbrachten die Publikumsveranstaltungen der Bahn mit dem „Rheingold“.
Foto: Bundesbahndirektion Köln (Säuberlich)

Oben: Kunstvoller Kopfschmuck einer Schwarzwald-Tracht zur Begrüßung des ersten Jubiläumszuges in Nußbach. Die Idee stammte von Hans Diegner (rechts im Bild), der 1928 als Mitropa-Bediensteter im „Rheingold“ servierte.
Foto: Eduard Erdmann

Daneben: Kleidung der Festgäste im Stil der zwanziger und dreißiger Jahre.
Fotos: Archiv FEK

Schwarzwald-Musikanten entbieten der letzten Ellok 145 und dem „Rheingold“ ihren Gruß. Foto: Klaus Oelzner

Am 13. Mai 1974 bei Schaffhausen.
Foto: Schweizerische Bundesbahnen

Reizvolle Begegnung mit der Albtalbahn in Ettlingen Stadt.
Foto: Friedhelm Ernst

Einige der mehr als 300 Fahrkarten, die seit März 1970 für den historischen „Rheingold“ ausgegeben wurden.

Der Jubiläumszug präsentiert sich vor der Silhouette des Kölner Doms (April 1978). Foto: Friedhelm Ernst

Fernsehberichten, Pressemitteilungen und Beiträgen von Magazinen und Illustrierten.

Einen besonderen Höhepunkt bildeten verständlicherweise die Feierlichkeiten „50 Jahre Rheingold“, verbunden mit einer großen Fahrzeugschau auf dem Gelände des Kölner Betriebsbahnhofs, an der sich neben der DB fünf europäische Staatsbahnen, die schweizerische BLS, die Intraflug mit zwei Wagen des „Orient-Expreß“, die Deutsche Gesellschaft für Eisenbahngeschichte und selbstverständlich der Freundeskreis Eisenbahn Köln als Traditionsträger des namengebenden Zuges beteiligten. Nicht weniger als 150 000 Besucher kamen zu diesem Ereignis, das damit die von ihren über 20 Exponaten her schon als einzigartig zu bezeichnende Publikumsschau „Abschied von der Dampflok“ im rheinischen Stolberg zwei Jahre zuvor um mehr als das Doppelte übertraf.

Zwei Jubiläumsreisen über die traditionelle Rheinstrecke schlossen sich an: die erste vom 29. April bis 1. Mai 1978 durch den Schwarzwald und die Ostschweiz nach St. Gallen und der eigentliche „offizielle Jubiläums-Extrazug“ vom 13. bis 15. Mai 1978 ab Hoek van Holland über Köln und die Nibelungenstadt Worms an den Vierwaldstättersee. Unter dem Patronat der Schweizerischen Verkehrszentrale organisierte „Classic Railtours“ aus Forch/ZH in Zusammenarbeit mit British Railways, den Niederländischen Eisenbahnen, der DB und den Schweizerischen Bundesbahnen mit dem Freundeskreis Eisenbahn Köln, dem Verkehrshaus der Schweiz, den Rigi-Bahnen sowie der Schiffahrtsgesellschaft Vierwaldstättersee im Rahmen der Feierlichkeiten „800 Jahre Stadt Luzern“ ein in jeder Hinsicht festliches Rahmenprogramm.

Der Sonderstempel der Deutschen Bundespost zur Fahrzeugschau anläßlich der Feierlichkeiten „50 Jahre Rheingold“.

Etwa 100 Gäste, darunter zehn Bürgermeister aus Großbritannien, den Niederlanden, Deutschland und der Schweiz, nahmen daran teil. Sie überbrachten entlang der Jubiläumsstrecke und namentlich dem Stadtpräsidenten von Luzern ihre offiziellen Grußbotschaften. Dabei hatte sich jedermann nach der Mode der zwanziger Jahre gekleidet, was verständlicherweise in der Öffentlichkeit auf starke Beachtung stieß, zumal Journalisten von Presse, Funk und Fernsehen dieses Ereignis begleiteten. Die originellsten Aufnahmen dürften in diesem Zusammenhang aus dem Hubschrauber gemacht worden sein, den die britische BBC zur Begleitung des historischen „Rheingold" gechartert hatte.

In die Schienengeschichte eingegangen ist der historische „Rheingold" ein weiteres Mal am 23. Oktober 1977 als vorläufig letzter von einer Dampflokomotive geführter DB-Reisezug. Die schwere Güterzuglok 043 196–5 brachte ihn damals von Emden über Leer (Ostfriesland) ins westfälische Rheine, ehe das Feuer erlosch. Knapp 5 Jahre später, am 24. Juni 1982, durfte er anläßlich der 75-Jahrfeier des Bundesbahnzentralamtes Minden (Westf.) wieder hinter einer Dampflok auf Bundesbahngleisen verkehren. Diesmal war es die vorbildlich restaurierte Einheitslokomotive 01 150 des Bielefelder Fabrikanten Walter Seidensticker. Daß dabei fast auf der Gesamtstrecke zusätzlich eine Ellok der Baureihe

Nach 142 Jahren: (vorläufiger) Abschied von der Dampflok vor Reisezügen auf DB-Gleisen (23. Oktober 1977).
Foto: Friedhelm Ernst

Auch die letzte Dampflok der Baureihe 78 (pr. T 18) auf DB-Gleisen führte den Zug.
Foto: Eduard Erdmann

Hinter der neulackierten 221 147-2 bei Lübeck-Gemin (15. Mai 1980).
Foto: Ullrich Huckfeldt

103 vorgespannt war, sollte keineswegs unerwähnt bleiben. Maschinentechnisch nötig wäre es nicht gewesen – wie sich die Teilnehmer überzeugen konnten.

Unter den zahlreichen vereinseigenen Veranstaltungen und Fahrten für Freunde des Schienenverkehrs, darunter nicht selten die Jahrestagungen des Bundesverbandes Deutscher Eisenbahn-Freunde (BDEF), finden seit 1970 verständlicherweise die international bedeutsamen Reiseziele großes Interesse. Laufschilder nach Amsterdam, Arnheim, Basel, Bern, Bludenz, Brig, Budapest, Evian, Genf, Interlaken, Kopenhagen, Lugano, Mailand, Nizza, Prag, Salzburg, Sopron, Wien und Zürich – um nur einige zu nennen, bedeuten dabei in der Tat mehr, als der Name aufs erste erkennen läßt. Dies gilt nicht zuletzt auch für Berlin, Dresden, Erfurt, Leipzig oder Rostock. Der historische „Rheingold" hat es fertiggebracht, Grenzen zu überwinden!

Will man – stellvertretend für das breite Spektrum der Möglichkeiten – an einige besonders bemerkenswerte Einsätze erinnern, so sind hier die über 10 Jahre, meist mit Dampftraktion im Westen Deutschlands durchgeführten eintägigen FEK-Karsamstagsfahrten ebenso zu nennen wie die traditionellen Pfingstreisen, die fast ausnahmslos in die Schweiz führten. Dabei standen

„Train spécial, Train TEE Rheingold" – Genève Cornavin (Mai 1977).
Foto: Sam Bürki

Zwei schwere Rangierlokomotiven der Bundesbahn-Neubaureihe 82 „Tender an Tender" bei der FEK-Karsamstagsfahrt 1971. Foto: Heinrich Räer

Doppeltraktion mit SBB-Triebwagen Be 4/6 am 4. Juni 1979 bei Roches/BE. Foto: W. Stadlin

touristische Überlegungen gleichbedeutend neben interessanten Bahnen, was den hohen Anteil an mitreisenden Familienmitgliedern und Freunden, gerade auch Damen, erklärt. Nicht zu Unrecht als Höhepunkt galt die Pfingstreise 1981, die neben Gotthard, Simplon und Lötschberg erstmals auch Oberitalien und die erst zwei Jahre zuvor wieder auf ihrer Gesamtlänge eingeweihte Tendabahn im italienisch/französischen Alpenraum sowie eine Fahrt entlang der Côte d'Azur einschloß.

Pfingsten 1981 auf der Gotthard-Nordrampe. Foto: R. Schorno

Hinter der Ae 6/6
auf der faszinierenden
Gotthardbahn.
Foto: R. Schorno

Oben: Die DSB-„Atlantic"-Lok 917 bringt den „Ostsee-Rheingold" von Helsingör nach Kopenhagen.
Foto: Claus K. Volden

Darunter: Das DR-Fährschiff „Warnemünde" nimmt den „Rheingold" an Bord.
Foto: Ferenc Szegö

Ganz anders der Charakter des „Ostsee-Rheingold" im September 1981: Neben dem erstmaligen Besuch des Zuges in der Tschechoslowakei, in Schweden und Dänemark stand hier der ebenso außergewöhnliche Einsatz auf Gleisen der heutigen Deutschen Reichsbahn und dreier internationaler Eisenbahn-Fährverbindungen im Vordergrund, wobei überwiegend Dampflokomotiven die Traktion besorgten und ausgewählte Fotohalte mit Scheinanfahrten feste Programmbestandteile waren. Im übrigen hatten die Veranstalter – FEK und Intraflug – eine Kombination aus Bahnfahren und Kulturerlebnis mit Stadtbesichtigungen, Theater- und Konzertbesuchen angeboten, was beim Publikum auf deutliches Interesse stieß und folglich in abgewandelter Form noch mehrmals wiederholt werden sollte.

Vergleichsweise unscheinbar nimmt sich dagegen die Visite im schweizerischen Fremdenverkehrsort Zweisimmen Ende Mai 1983 aus, in deren Verlauf der 50 t schwere „Rheingold"-Pullmanwagen 24 517 auf Rollböcke der meterspurigen Montreux-Oberland-Bernois-Bahn (MOB) verladen wurde, um damit den Beweis für die mögliche Weiterbeförderung auf Schmalspurgleisen zu erbringen.

Auch auf Steilstrecken im Mittelgebirge kam es wiederholt zu Einsätzen des historischen Zuges bzw. einzelner seiner Wagen, beispielsweise im Rahmen einer Jubiläumsfahrt „100 Jahre Höllentalbahn" im Schwarzwald 1987 sowie mehrere Male über die bekannte „Schiefe Ebene" in Oberfranken zwischen Neuenmarkt-Wirsberg und Marktschorgast, wo am 2. Mai 1987 erfreulicherweise wieder mit Dampf, d. h. der DB-Museumslokomotive 50 622, gefahren werden konnte.

Als einmalig erwies sich auch ein Besuch bei der Rorschach-Heiden-Bergbahn im Frühjahr 1986, als der mit einer Reisegesellschaft besetzte Speisewagen 20 508 erstmals über eine Zahnradstrecke verkehrte, indem er dem planmäßigen Triebwagen ABDeh 2/4 Nr. 23 vorangestellt über die maximal 90‰ geneigte Trasse die Alpenvorland-Höhen am Südufer des Bodensees erreichte.

Gleichermaßen sind Gesellschaftssonderfahrten zu nicht alltäglichen Zielen in Pommern und Ostpreußen, das einmalige Angebot eines „Gourmet-Expreß" mit gastronomischen Spitzenleistungen weltbekannter Küchenchefs in fünf verschiedenen Zugrestaurants oder die Einreihung des vorbildlich aufgearbeiteten Intraflug-„Pullman" 24 507 in die Garnitur des „Nostalgie-Istan-

Im lieblichen Simmental.
Foto: E. Brunke

Dem Einsatz der historischen „Rheingold“-Wagen sind kaum Grenzen gesetzt, wie diese Aufnahme zeigt: FEK-Pullman 24 517 auf Rollböcken der meterspurigen Montreux-Oberland-Bernois-Bahn (MOB) in Zweisimmen (Pfingsten 1983). Foto: Friedhelm Ernst

Im Thüringer Land hinter Eisenach; an der Zugspitze ist die frühere Stromlinienlok 03 1010 der Deutschen Reichsbahn zu erkennen (Juni 1982).
Foto: Joachim Schmidt

Auf Pfingstreise 1982 mit der DR-„Traditionslok" 03 001 und dem Stuttgarter „Kanzelwagen" bei Roßwein/Sa.
Foto: Joachim Schmidt

bul-Orient-Expreß“ zu nennen, der Komfortreisen großen Stils, u. a. zum Bosporus und über den Polarkreis nach Lappland, bot und weiterhin bieten wird.

Vor diesem Hintergrund mußte es als selbstverständlich gelten, daß der historische „Rheingold“ auch zum 150jährigen Bestehen der deutschen Eisenbahnen 1985 wiederholt exklusive Verwendung fand. Geführt von der Einheits-Dampflokomotive 01 118, repräsentierte er im Herbst des Jubiläumsjahres bei den großen Fahrzeugparaden in Nürnberg-Langwasser vor über 70 000 Zuschauern den Spitzenkomfort einer (leider) vergangenen Epoche.

Kein Wunder, daß bei soviel Publicity auch die Modelleisenbahnindustrie ihr Interesse bekundete und mit Hilfe der Kölner Freunde diese begehrten Objekte für unzählige Anlagen naturgetreu nachbildete. Über 250 000 „Rheingold“-Garnituren sollen allein in der am meisten verbreiteten Spurweite H0 verkauft worden sein – verständlich, wenn man die vielfältigen Kombinationsmöglichkeiten mit deutschen und europäischen Triebfahrzeugen mehrerer Epochen kennt, die sich aufgrund der gefahrenen Einsätze des „großen Vorbildes“ ergeben. Nicht zuletzt als Orientierungshilfe (oder besser: Alibi) für den Modellbahner soll daher eine – noch keineswegs vollständige – Zusammenstellung der Lokomotiven gegeben werden, die den alten „Rheingold“ in den Jahren seit 1970 gefahren haben:

Deutsche Dampflokomotiven: 01, 01^{10}, 03, 03^{10}, 18^{2} (DR-Schnellfahrlok), 23, 24, 38, 41, 44, 50 (mit Kasten-, Wannen- oder Kabinentender), 58^{30}, 62, 64, 78, 82, 86, 89 7159 (T 3), 94; BLE-Elna 146 der DGEG; Lok 28 „Badenia“ der SWEG; „Alice Heye“ der Museumseisenbahn Minden und andere.

Deutsche Diesellokomotiven: DB 211, 212, 215, 216, 217, 218, 220, 221, 260, 261, 332; DR 106, 110, 119, 132; V-Lok der Köln-Bonner Eisenbahnen, Köln-Frechen-Benzelrather Eisenbahn, Industriebahn Nievenheim-Zons, Rheinbraun, Neusser Eisenbahn, Wanne-Herner Eisenbahn, Westfälische Landes-Eisenbahn, Verkehrsbetriebe Grafschaft Hoya, Albtal-Verkehrsgesellschaft, Südwestdeutsche Eisenbahn-Gesellschaft (Achertalbahn), Tegernseebahn, die V 36 231 der Deutschen Gesellschaft für Eisenbahngeschichte und die MAN-Versuchslokomotive 202 003–0.

Deutsche Elektrolokomotiven: DB 104 und DR 204 (E 04), DB 116 (E 16), 117 (E 17), DB 118 und DR 218 (E 18), DB 119 (E 19), 144 und 145 (E 44), 169 (E 69), 194 (E 94) und die DB-Neubaulok 103, 110, 111, 112, 139, 140, 141, 150.

Ausländische Lokomotiven:

Dampf: SNCB (Belgien) 29; FS (Italien) 640; MAV (Ungarn) 275, 376, 411, 424; GySEV (Ungarn/Österreich) 17, 123, 424, 520; ČSD

Unten: Ihre Abschiedsfahrt absolvierte die Ellok 104 018-7, die letzte DB-E 04, im Herbst 1981 vor dem historischen „Rheingold“ am Niederrhein.
Foto: Friedhelm Ernst

Darunter: Die DR-Schnellfahrlok 18 201 vor dem historischen „Rheingold“, am 1. Mai 1984 im Thüringer Wald.
Foto: Friedhelm Ernst

Wahrhaft ein „Paradezug“: der historische „Rheingold“, geführt von der DR-Einheitslok 01 118, vor den Zuschauertribünen beim Eisenbahnjubiläum in Nürnberg-Langwasser (September 1985). Foto: Friedhelm Ernst

Zwei Tage nach Wiederaufnahme des DB-Dampfbetriebs: 01 1100 und „Rheingold“-Wagen aus drei Epochen am 18. Mai 1985 bei Rupprechtstegen. Foto: Joachim Schmidt

(Tschechoslowakei) 498; PKP (Polen) Ol-49; SJ (Schweden) 21; DSB (Dänemark) 917 P; BT (Schweiz) 9; EBT (Schweiz) 8, OeBB (Schweiz) 1 und 2; Eurovapor 11.

Diesel: SNCB (Belgien) 5500; SNCF (Frankreich) BB 63 000; FS (Italien) 345; ÖBB (Österreich) 2050, 2143; GySEV (Ungarn/Österreich) M 47; ČSD (Tschechoslowakei) T 478.

Elektro: NS (Niederlande) 1100, 1200; SNCB (Belgien) 1600 und 1800 (= Mehrstromlok), 2500; SNCF (Frankreich) 25 100 und 22 200 (= Mehrstromlok); FS (Italien) 428, 636; ÖBB (Österreich) 1040, 1042^{5}, 1046, 1180, 1245; MAV (Ungarn) V 43; SBB (Schweiz) Ae $3/6^{I}$, Ae 4/7, Ce $6/8^{II}$, Ae 4/6, R $4/4^{I}$ (TEE), Ae 6/6, Re $4/4^{II}$, Personentriebwagen Be 4/6; BLS (Schweiz) Ae 6/8, Ce 4/4, Ae 4/4, Re 4/4, Ae 8/8; MThB (Schweiz) Re $4/4^{II}$; EBT/SMB/VHB (Schweiz) Be 4/4, De 4/4 und Personentriebwagen; RHB (Schweiz) Zahnradtriebwagen ABDeh 2/4.

Bei einer solchen Fülle von Möglichkeiten des Einsatzes und der Zugbildung ist der alte „Rheingold" unterdessen ein europäischer Museumszug oder besser gesagt: ein historischer Zug geworden, der auf sechs Jahrzehnte bewegter Geschichte zurückblicken kann. Was 1970 noch fast unglaublich schien, ist durch die Initiative eines kleinen Kreises Wirklichkeit geworden. Eine Begegnung mit der Vergangenheit wird so noch auf viele Jahre hinaus möglich sein.

Sonderzug „Ostsee-Rheingold" hinter der schwedischen Museums-Dampflok 21 in Trelleborg (September 1981).
Foto: Frank Stenvall

TEE-Erinnerungen mit der schweizerischen Re $4/4^{I}$ und dazu einem SBB-Speisewagen in Solothurn (Mai 1983).
Foto: Friedhelm Ernst

TEE privat

Im Aussichtswagen den romantischen Rhein zwischen Köln und Mainz, das Schwarzwaldpanorama oder das reizvolle Altmühltal zu erleben, war seit Anfang der sechziger Jahre ein Privileg, das allein den Reisenden in den Trans-Europ-Expreß-Zügen „Rheingold“ bzw. „Rheinpfeil“ geboten wurde. Und es gehörte schon ein bißchen Glück dazu, einen der 22 begehrten Sessel unter der höhergelegten Glaskanzel zu ergattern. Dabei wußten wohl nur wenige, daß dieser zum Sommerfahrplan 1962 auf DB-Gleisen erstmals gebotene Komfort seinen Ursprung in dem bereits 18 Jahre zuvor von Dipl.-Ing. Mielich angeregten Vorschlag eines „Aussichtsraumes im Obergeschoß“ hatte. Etwas bekannter dürften hingegen die für den Dienst auf landschaftlich schönen Strecken in Südfrankreich von den Französischen Eisenbahnen 1959 bei Renault beschafften zehn „panoramique“-Dieseltriebwagen 4201–4210 gewesen sein, die auf einem ähnlichen Prinzip beruhten: In ihrer Mitte befand sich ein Großraum 1. Klasse als erhöhtes Aussichtsabteil, während an den Wagenenden auf normaler Höhe je ein 2.-Klasse-Abteil und ein Führerraum angeordnet waren. Unterhalb der Aussichtskuppel hatte man die Maschinenanlage und den Gepäckraum installiert.

Doch so reizvoll in den beiden deutschen Spitzenzügen die 1,92 m über dem abgesenkten Untergeschoß angeordnete Rundsichtkuppel für das Publikum auch erscheinen mochte, so schwierig gestaltete sich andererseits der grenzüberschreitende Einsatz dieser technischen Sonderlinge. Nach anfänglich zögernder oder sogar ablehnender Haltung der Nachbarbahnen regelten schließlich Ausnahmegenehmigungen die Übernahme der beliebten „Dome-Cars“ auch auf die Netze der Niederländischen Eisenbahnen und der Schweizerischen Bundesbahnen. So kam es – im Austausch mit dem Schwesterzug „Rheinpfeil“ – zu Kursen Genf–Hannover oder München–Amsterdam, die jedoch 1973 zur Beschleu-

Unten: Nur 14 Jahre trug der „Dome-Car“ den traditionsreichen Zugnamen.
Foto: Deutsche Bundesbahn (Palm)

Daneben: Blick in die Bar unterhalb des Aussichtsabteils.
Foto: Deutsche Bundesbahn (Palm)

Der „Apfelpfeil“ durchfährt Blausee-Mitholz an der Lötschberg-Nordrampe (6. August 1979).
Foto: Touristik Aktuell (Studer)

nigung des TEE 6/7 schon wieder aufgegeben und stattdessen dem jeweiligen Zugstamm beigestellt wurden.

Doch sollte auch dieser Einsatz ab und bis Hoek van Holland nur drei Jahre währen. Als 1976 nach Ablauf der halben Nutzungszeit die notwendige Grunderneuerung anstand, sah man eine entsprechende Investition bei der Deutschen Bundesbahn aus Rentabilitätsgründen als nicht vertretbar an. Somit schieden die Aussichtswagen mit Beginn des Sommerfahrplans aus dem DB-Regeldienst aus. Versuche, sie durch einzelne Direktionen im Sonderverkehr zu „vermarkten“ blieben von kurzer Dauer. Vielmehr wurden die fünf Fahrzeuge noch im selben Jahr an den Reiseveranstalter „Apfelpfeil“ in Freudenstadt veräußert, der mit ihnen Zubringerdienste zu Kreuzfahrten der italienischen Reederei Costa im Mittelmeerraum plante.

Zuvor noch mußte jedoch die Höhe der Glaskuppeln von bislang 4,485 m auf das im RIC-Transitprofil vorgeschriebene Maß von 4,280 m abgesenkt werden, um eine uneingeschränkte Lauffähigkeit zu gewährleisten. Fortan konnte man den nun in orange, gelb und braun gestrichenen, mit einem dicken roten Apfel auf den Außenwänden als Blickfang versehenen Privatwagen häufig in der Schweiz und in Italien begegnen. Und zweifellos bedeutete es für die Fahrgäste einen Genuß, in diesen Zügen die faszinierende Alpenwelt zu erleben.

Doch Glück oder gar Gewinn hatten die Wagen der Freudenstädter IAO-Firmengruppe nicht gebracht. Ganz im Gegenteil: Am 4. Oktober 1979 mußte der „Apfelpfeil“ stillgelegt werden. Ein Konkursverfahren beendete eine mehr als 30jährige Tätigkeit, die mit Leserfahrten für die Zeitschrift „Vegetarisches Reisen“ begonnen hatte. Offenbar hatte die Unternehmensleitung falsch kalkuliert, als sie statt der Anmietung von Bundesbahnwagen nach und nach nicht weniger als 74 Fahrzeuge käuflich erwarb: Liegewagen, Tanzwagen, Küchen- und Kinowagen, Gesellschaftswagen, Gepäck-, Speise- und nicht zuletzt die fünf ehemaligen TEE-Aussichtswagen.

Oben: Fünfmal „Trans-Europ-Panorama“ auf der schweizerischen Mittel-Thurgau-Bahn.
Foto: Reisebüro Mittelthurgau

Darunter: Deutlich erkennbar ist die geringere Höhe der gläsernen Aussichtskanzel, die eine Verwendung auf nahezu sämtliche europäischen Normalspurstrecken gestattet.
Foto: Reisebüro Mittelthurgau

Rechte Seite oben:
Zwei „Gotthard-Panorama“-Wagen des Reisebüros Mittelthurgau im planmäßigen Schnellzug Schaffhausen–Chiasso in Zürich HB (16. März 1984).
Foto: Hans-Georg Kleine

Die mittlerweile achtstellige Apfelpfeil-Schuldenlast ließ eine Versteigerung des überdimensionierten Fahrzeugparks unausweichlich erscheinen. Doch konnte der Hamburger Auktionator Angermann zum ersten Termin nur wenig Erfolg erzielen. Neue Eigentümer ließen sich schwerer finden als erwartet. Erst allmählich gelang es, Interessenten in der Schweiz, in Dänemark, den Niederlanden und der Bundesrepublik Deutschland ausfindig zu machen. Besonders zu erwähnen ist in diesem Zusammenhang das überwiegend der schweizerischen Mittel-Thurgau-Bahn gehörende gleichnamige Reisebüro, das 1981 für insgesamt 150 000,– DM statt der ursprünglich geforderten Million mit den fünf „Dome-Cars“ die besten Stücke erwarb und in der Waggonfabrik Rastatt generalüberholen ließ. Dem vorgesehenen neuen Verwendungszweck entsprechend, kamen dabei im unteren Stock Imbiß- und Weinstube, Spielsalon und sogar eine Diskothek zum Einbau. Mit weiterhin 22 Sitzplätzen unter der Kuppel und je zwei Sechs-Personen-Abteilen pro Wagen vermochte der gesamte Zug jetzt etwa 170 Personen aufzunehmen. Sein Außenanstrich, in etwas hellerem, freundlicherem Rot und Elfenbein gehalten, entsprach weitgehend wieder dem früheren TEE-Aussehen, ergänzt noch um die Thurgauer Wappen.

Am 15. Juni 1982 wurde die komplette Garnitur zu ihrem neuen Eigentümer überführt. Als private Gesellschaftswagen WGm wieder in den Betriebsmittelpark der Deutschen Bundesbahn eingestellt, gilt seither Konstanz als Heimatbahnhof. Dabei führen die einzelnen Wagen folgende Bezeichnungen:

51 80 09–80 201–9 (ex 51 80 09–42 911–0)
51 80 09–80 202–7 (ex 51 80 09–42 912–8)
51 80 09–80 203–5 (ex 51 80 09–42 913–6)
51 80 09–80 204–3 (ex 51 80 09–42 914–4)
51 80 09–80 205–0 (ex 51 80 09–42 915–1).

Die 50 t schweren „Trans-Europ-Panorama“-Fahrzeuge, wie sie nun offiziell heißen, lassen sich grundsätzlich in jeden Zug mit maximal 160 km/h Höchstgeschwindigkeit einreihen oder können als Extrazug gechartert werden und über beliebige Strecken des gesamten europäischen Normalspurnetzes verkehren. Zu diesem Zweck sind sie mit allen vier gängigen Heizungsspannungen ausgerüstet. Die „Dome-Cars“ mit den gläsernen Aussichtskuppeln werden bei den von der Reisebüro Mittelthurgau AG selbst organisierten Fahrten nach Nord- und Westdeutschland, in die DDR, nach Österreich, Italien und Frankreich, in die Tschechoslowakei und auf den Balkan eingesetzt. Die in jedem Wagen eingebaute Bar ist bedient und selbst die Abgabe warmer Mahlzeiten (Fertigmenues) bzw. von Zwischengerichten ist möglich.

Zusammen mit ehemaligen ISG-Pullman-Wagen des Reisebüros Intraflug, einem aus Apfelpfeil-Beständen stammenden Clubwagen der Albtal-Verkehrsgesellschaft oder Speise- und Salonwagen verschiedener Epochen kann der aufmerksame Beobachter den ehemaligen „Rheingold"-Aussichtsfahrzeugen unterdessen auch im sog. „Trans-Europ-Panorama- & Pullman-Expreß" begegnen, der als privater Touristikzug in ganz Europa verkehrt. Ausgenommen sind lediglich die iberische Halbinsel, Finnland und die Sowjetunion, die bekanntlich über Gleisnetze mit abweichenden Spurweiten verfügen. Im traditionsreichen „Rheingold" mußte der Gast auf ein entsprechendes Angebot indessen verzichten.

Für die Öffentlichkeit überraschend, führten die Schweizerischen Bundesbahnen jedoch Anfang 1984 Versuche mit den Aussichtswagen des Reisebüros Mittelthurgau auf der Gotthardstrecke durch, um ein be-

sonderes Komfortangebot auf Inlandstrekken zu testen. Zu diesem Zweck reihte man eins oder zwei der insgesamt fünf „Trans-Europ-Panorama"-Fahrzeuge in die Vormittags-„Intercity"-Verbindung 353 Zürich–Chiasso bzw. an den Nachmittagen in den nordwärts fahrenden Gotthard-Schnellzug

Unten: Zwei „Trans-Europ-Panorama"-Wagen im Reisebüro-Sonderzug (Zürich–) München-Brenner bei Garmisch-Partenkirchen und Mittenwald (Pfingsten 1983). Ein Club-Wagen der Albtal-Verkehrsgesellschaft und der Intraflug – ex Mitropa – WR 1140 vervollständigen die fotogene Garnitur hinter einer DB-Ellok der Baureihe 111. Foto: Werner Sölch

1962: Der in der Öffentlichkeit vielbeachtete DSG-Neubau-Speisewagen WR 4 üm mit der Betriebsnummer 102.
Foto: Joachim Claus

586 ein, wobei die Benutzer einen speziellen Zuschlag zu entrichten hatten. Er schloß Platzreservierung und ein kleines Kaffeegedeck ein. Ein gleichartiges Angebot, diesmal sogar erweitert zu einer Kombination aus Bahn- und Flugreise, offerierten die Schweizerischen Bundesbahnen, Crossair und das Reisebüro Mittelthurgau vom 1. Februar 1986 bis 30. Mai 1987. Und ab Sommerfahrplan 1988 wird über den Vierwaldstättersee und die Gotthardbahn planmäßig die Touristik-Verbindung „Wilhelm-Tell“ mit Dampferfahrt sowie „Dome-Car“ und SBB-Salonwagen angeboten.

Ebenso wie die „Rheingold“-Aussichtswagen sind seit April 1981 vier der erst knapp 20 Jahre zuvor beschafften, im Wirtschaftsteil gleichfalls doppelstöckig ausgeführten fünf Speisewagen aus dem DB-Bestand ausgeschieden. Zwar entsprachen diese, seinerzeit für den relativ hohen Preis von jeweils rund 700 000,– DM beschafften ersten Nachkriegs-Neubauten in ihrem Interieur mit teakholz-verkleideten, 48plätzigen Gasträumen, teppichbelegten Fußböden, vierstufiger, vollautomatischer Klimaanlage und indirekter Innenbeleuchtung noch weitgehend den Erfordernissen zeitgemäßen Reisekomforts, doch stellten sie andererseits eine unterhaltungsaufwendige Splittergattung dar. So willkommen die räumliche Trennung von Büfett, Küche und Spülraum aus hygienischen Gründen auch gewesen sein mochte, so wenig praktisch hatten sich die elektrischen Aufzüge für Speisen und Geschirr im Betrieb erwiesen.

Bereits Anfang der siebziger Jahre erhielt deshalb der „Rheingold“ einstöckige, 27,50 Meter lange Neubau-Fahrzeuge, während die „Buckel-WR“ teils in anderen TEE- und IC-Kursen erschienen, teilweise aber auch abgestellt wurden. Hierdurch kam es vereinzelt zu Engpässen in der Speisewagen-Gestellung auf dem Stammlauf Hoek van Holland–Genf, was beispielsweise im Herbst 1976 den Einsatz des weniger komfortablen roten „Touristik-Speisewagens“ WRtüm^{134} 51 80 88–80 968–7 mit großen Vorrats- und Lagermöglichkeiten, dafür aber nur 30 Plätzen im Restaurant erforderlich machte. Weit mehr noch dürften die Benutzer des Zuges jedoch an den Pfingstfeiertagen 1979 erstaunt gewesen sein, als sie statt des gewohnten TEE-Standards im Spitzenzug der DB einen „Quick Pick“ vorfanden – unglücklicherweise auch noch in den DB-„Hausfarben“ ozeanblau/beige gestrichen.

Was die zu jener Zeit noch voll verwendungsfähigen „Rheingold“-Speisewagen von 1962/63 anbetrifft, so sind beispielsweise Planeinsätze des WR 61 80 88–80 004–9 im Intercity „Porta Westfalica“ Bonn–Hannover während des Sommerfahrplans 1971 und im TEE „Saphir“ Nürnberg–Köln–Brüssel 1972 bekannt. Doch auch auf diesen weniger nachfragestarken DSG-Diensten sollten sich die Sonderlinge als wenig beliebte Fremdkörper erweisen und deshalb schon bald wieder verschwinden. Abgesehen von einer gelegentlichen Verwendung für Gruppen- und Gesellschaftsreisen, standen die fünf bei ihrer Einführung oft bestaunten Wagen in den siebziger Jahren überwiegend ungenutzt auf den Abstellgleisen der großen Zugbildungsbahnhöfe herum. Zwar wurden zwei Exemplare wegen akuten Speisewagenmangels auf dem Netz der Österreichischen Bundesbahnen 1977 vorübergehend dorthin ausgeliehen, doch sollte ihnen auch hier der gewünschte Erfolg versagt bleiben. Es verwundert daher nicht, daß die Fahrzeuge angesichts der notwendig gewordenen Generalüberholung

1981: Beim Jubiläum des Bundesbahn-Ausbesserungswerkes München-Neuaubing erkannten die Besucher in diesem „Show Train“-Wagen trotz veränderten Anstrichs den fast zwanzigjährigen „Rheingold“-WR.
Foto: Friedhelm Ernst

zum Verkauf ausgeschrieben und – mit einer Ausnahme – wegen mangelnden Interesses am 15. April 1981 von der DB ausgemustert wurden.

Noch vor der endgültigen Außerdienststellung konnte ein mittlerweile in grellem Violettrot auffällig gestrichenes Exemplar dieser interessanten Baureihe Ende 1981 im „Show Train“ der Bundesbahn die Aufmerksamkeit des Publikums auf sich ziehen. Doch sollte auch dies nur eine kurzlebige Episode sein.

Allein dem 1963 bei Orenstein & Koppel in Berlin gebauten, nachmaligen WRümh 131 61 80 88–80 005–6 blieb die Verschrottung erspart. Am 2. Juli 1980 in München ausgemustert, gelangte er an den „Eisenbahn-Kurier“ in Freiburg, der ihn als „Rheingold-Salonwagen“ WGh 51 80 09–80 102–9 betriebsfähig erhält und für Schienen-Kreuzfahrten in zahlreiche europäische Länder benutzt. Als besonders reizvoll erweist sich dabei die gelegentliche Kombination des 55 t schweren Fahrzeugs mit älterem Rollmaterial, u. a. den historischen „Rheingold“-Wagen von 1928/29 des Freundeskreis Eisenbahn Köln oder auch die Einreihung in „Intercity“-Züge der Deutschen Bundesbahn.

1984: Als letztes Exemplar seiner Reihe noch voll im Einsatz: der „Rheingold-Salonwagen“ des „Eisenbahn-Kurier“.
Foto: Friedhelm Ernst

Fahrzeugskizzen

Reichsbahn-Baureihe 18^4 (ex bayer. S 3/6) mit 2 m-Treibrädern. Vor dem „Rheingold“ verkehrten die Lokomotiven 18 441/18 445/ 18 447/18 450/18 451.

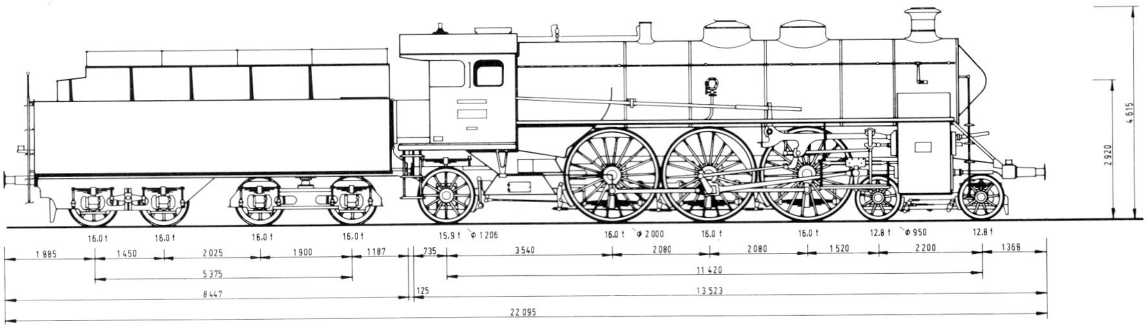

Reichsbahn-Baureihe 18^{4-5} (ex bayer. S 3/6).
Nachweislich fanden im „Rheingold“-Plan folgende Lokomotiven Verwendung: 18 498/18 516/ 18 517/18 520/18 521/18 522/ 18 524/18 525/18 527/18 529/ 18 531/18 533/18 534/18 536/ 18 537/18 538.

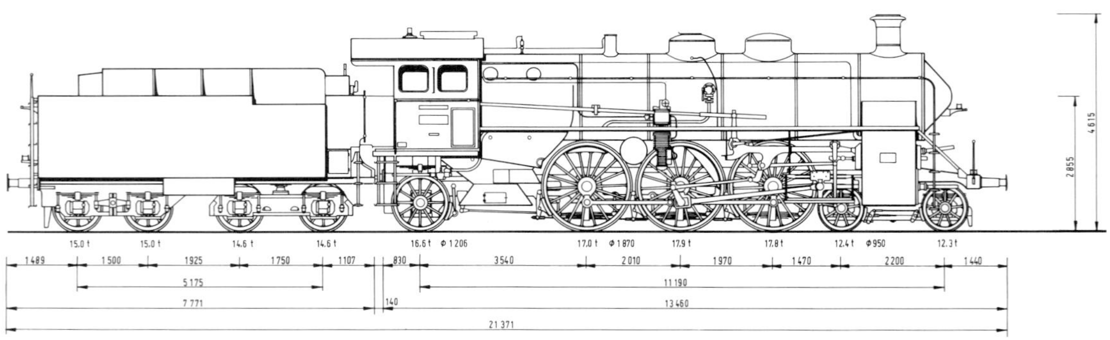

Die vormalige badische IVh war bei der Deutschen Reichsbahn-Gesellschaft als Baureihe 18^3 in den Betriebsmittelpark eingereiht. Bis Anfang der dreißiger Jahre führte sie den „Rheingold" zwischen Mannheim und Basel.

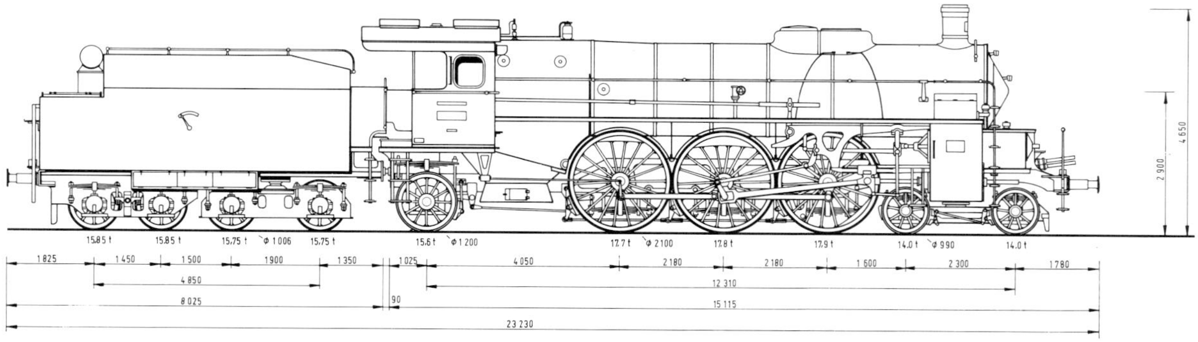

Einheits-Dampflokomotiven der DR-Baureihe 01, erstes Baujahr 1925. Vom Bw Offenburg aus besorgte diese Zweizylinder-Lokomotive ab 1934 planmäßig den „Rheingold"-Dienst auf der badischen Hauptbahn, drei Jahre später auch auf der Strecke Mannheim–Zevenaar. Sie blieb bis zur Elektrifizierung der Rheinstrecke, zusammen mit Lokomotiven der Baureihen 01^{10}, 03 und 03^{10}, vor dem „Rheingold".

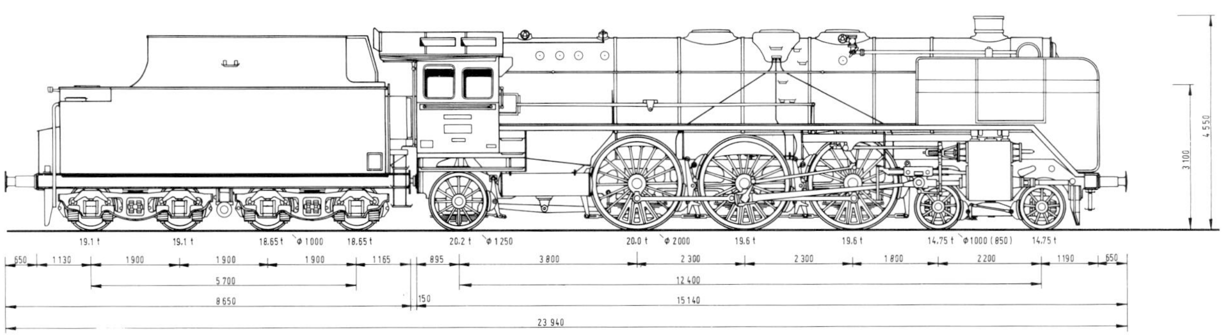

Salonwagen 1. Klasse mit Küche, SA 4 üK-28 Nr. 20 501/20 503/ 20 505/20 507, später 10 501/ 10 503/10 505/10 507.

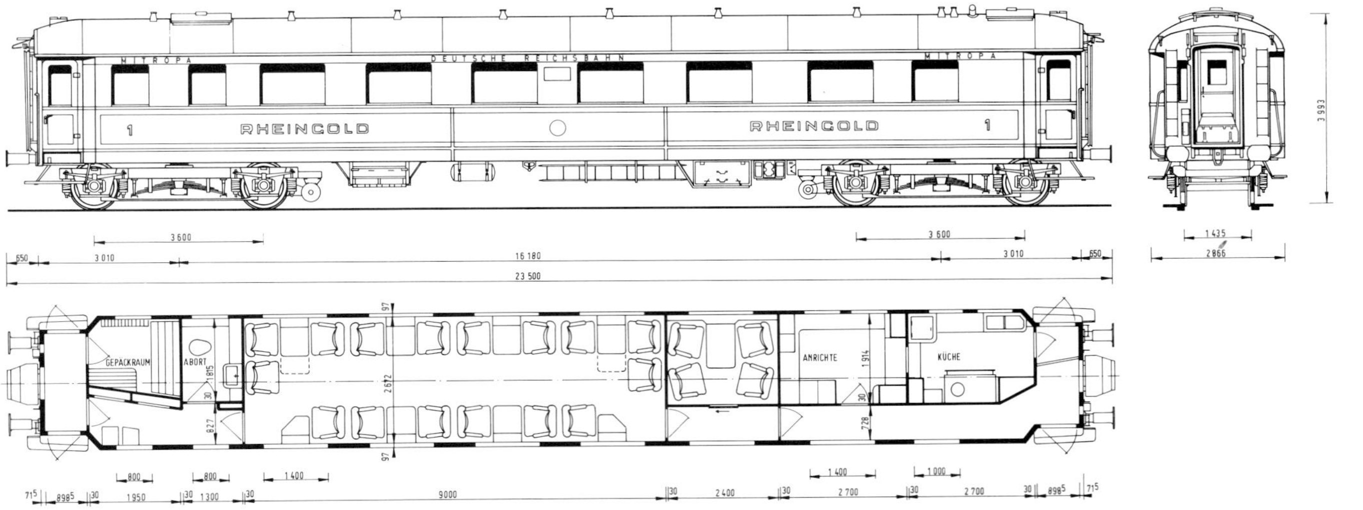

Salonwagen 1. Klasse ohne Küche und Anrichte, SA 4 ü-28 Nr. 20 502/ 20 504/20 506/20 508, später 10 502/10 504/10 506/10 508.

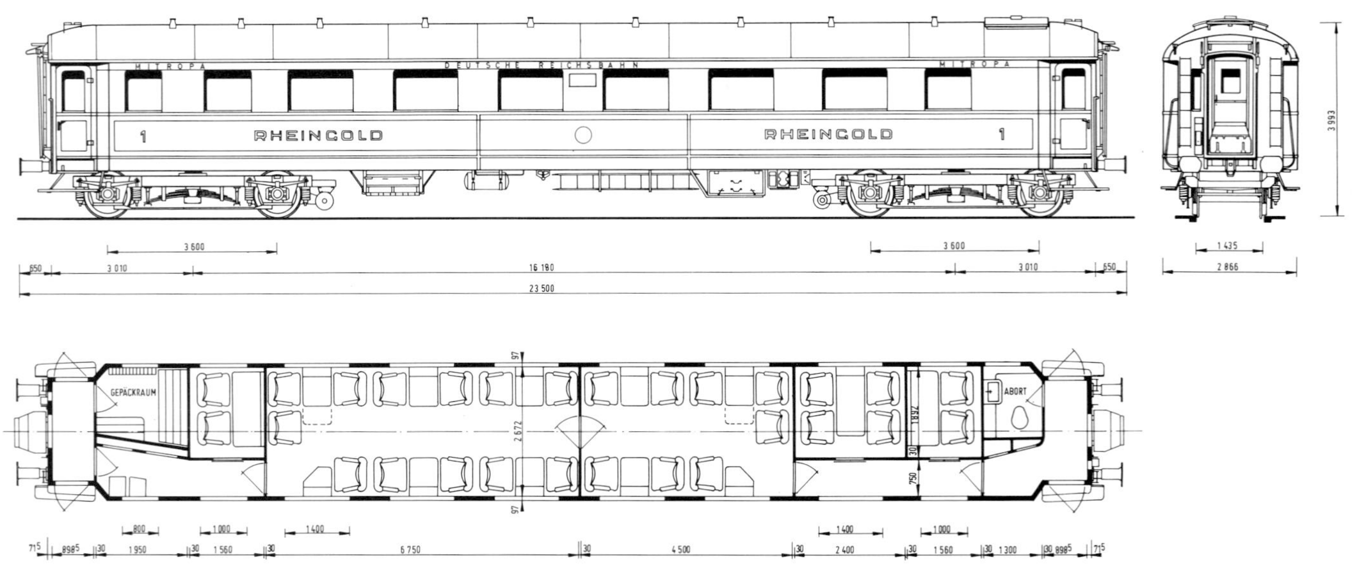

Salonwagen 2. Klasse mit Küche, SB 4 üK-28 Nr. 24 501/24 503/ 24 505/24 507/24 509/24 511, später 10 701/10 703/10 705/ 10 707/10 709/10 711.

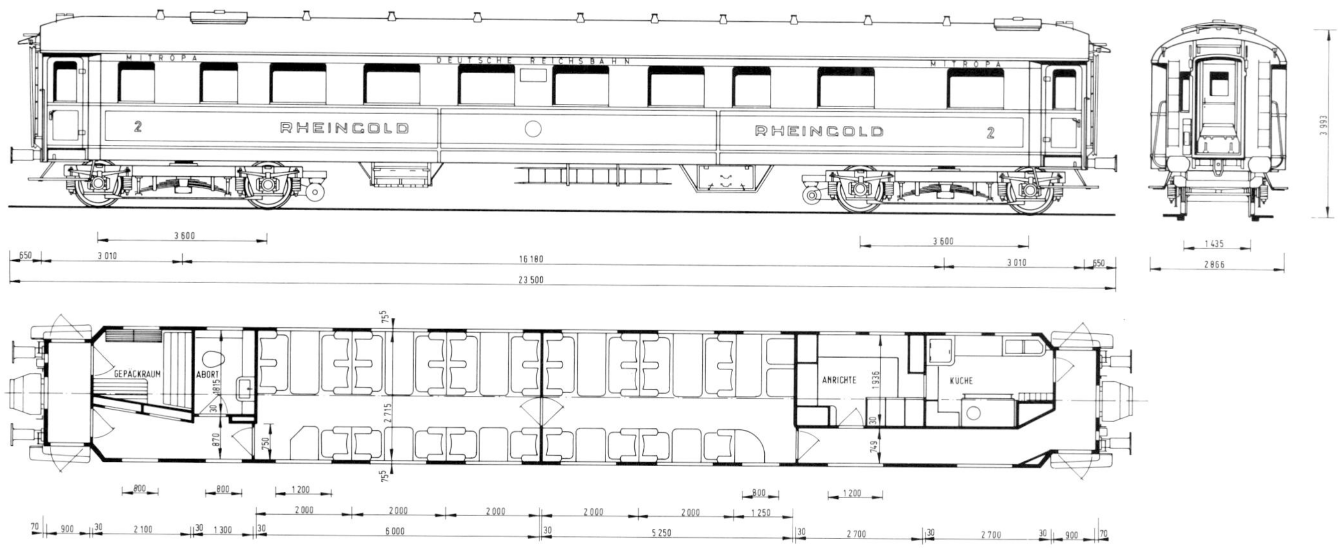

Salonwagen 2. Klasse ohne Küche, SB 4 ü-28 Nr. 24 502/24 504/ 24 506/24 508/24 510/24 512, später 10 702/10 704/10 706/ 10 708/10 710/10 712.

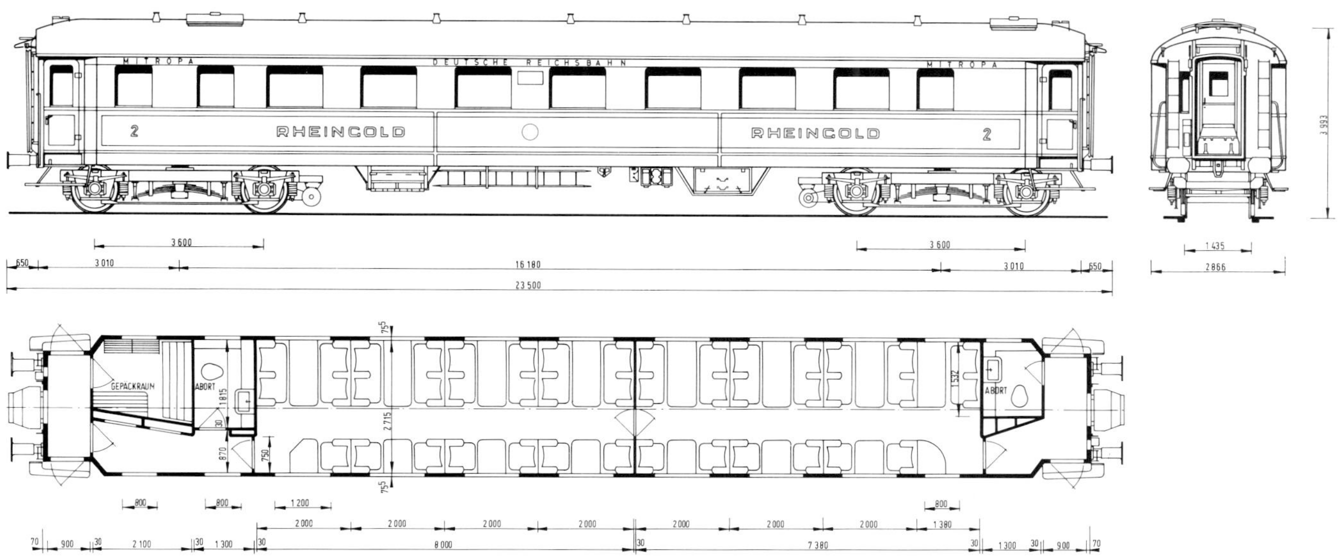

1929 nachgebaut: Salonwagen 2. Klasse mit Küche, SB 4 üK-29 Nr. 24 513/24 515/24 517/24 519, später 10 713/10 715/10 717/ 10 719.

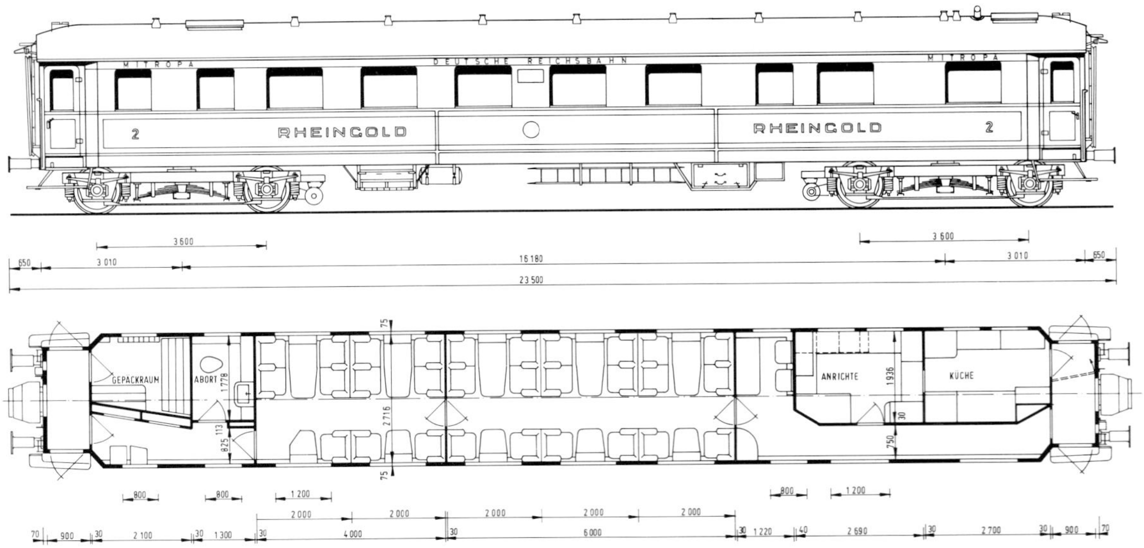

Auch die Salonwagen SB 4 ü-29 Nr. 24 514/24 516, später 10 714/ 10 716, stammen aus der Lieferung des Jahres 1929.

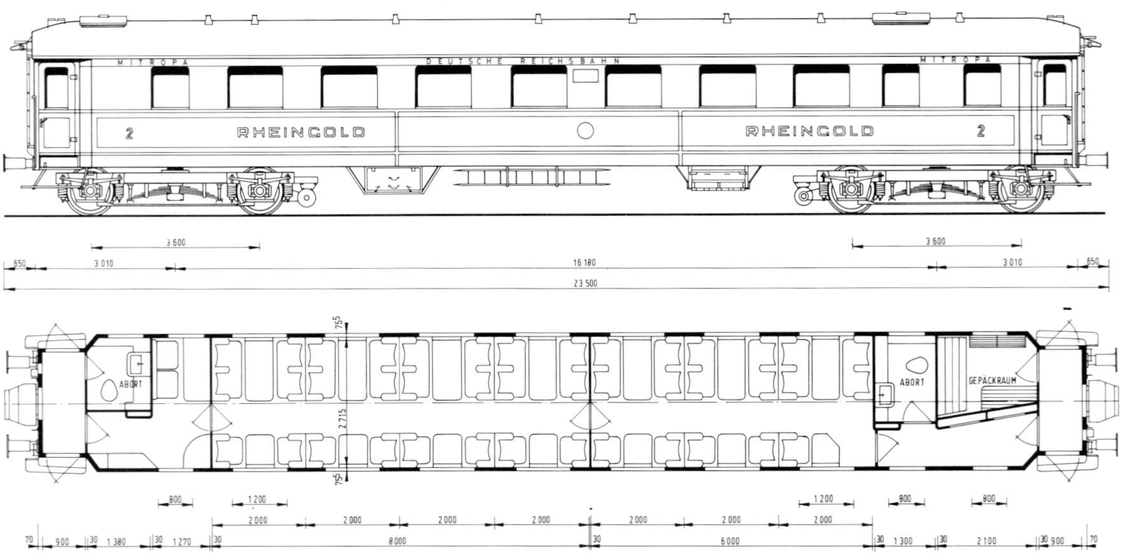

1928 wurden drei „Rheingold"-Packwagen SPw 4 ü-28 in Dienst gestellt. Ursprünglich als 90 201–90 203 bezeichnet, erhielten sie zu Beginn der dreißiger Jahre die Nummern 105 001–105 003.

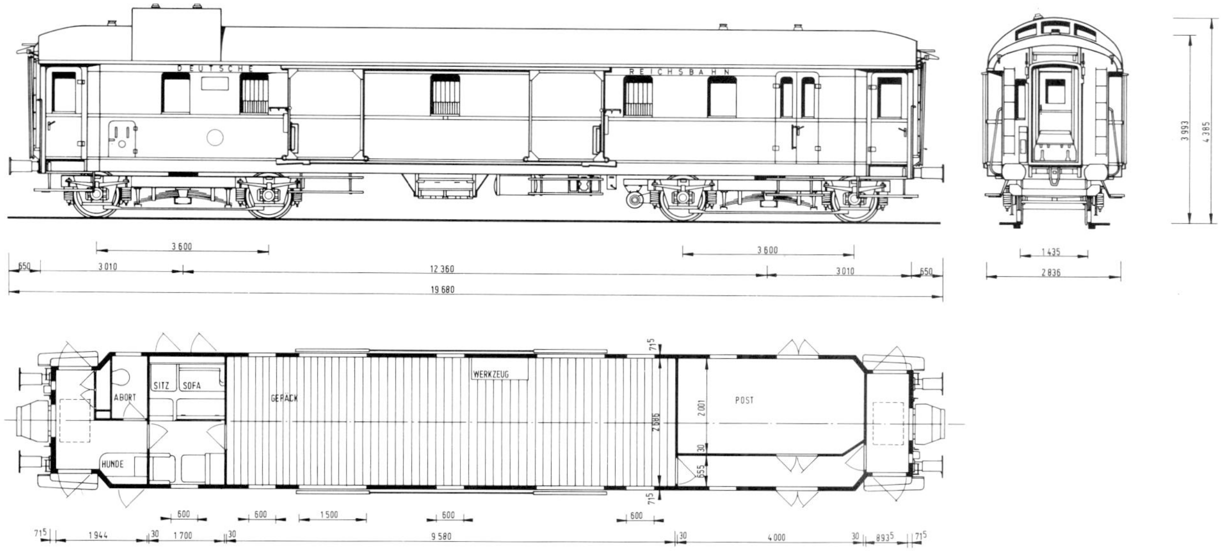

SAB 4 ü-28/34, bei den Wagen 10704/10706/10710 ausgeführter Umbau zu kombinierten 1./2.-Klasse-Fahrzeugen mit kleiner Küche.

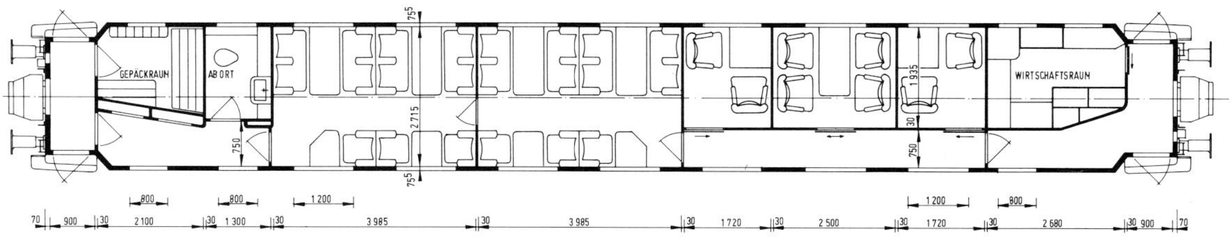

SA 4 üK-28, im Kriegsjahr 1943 geplanter Umbau zum Regelzug-Wagen.

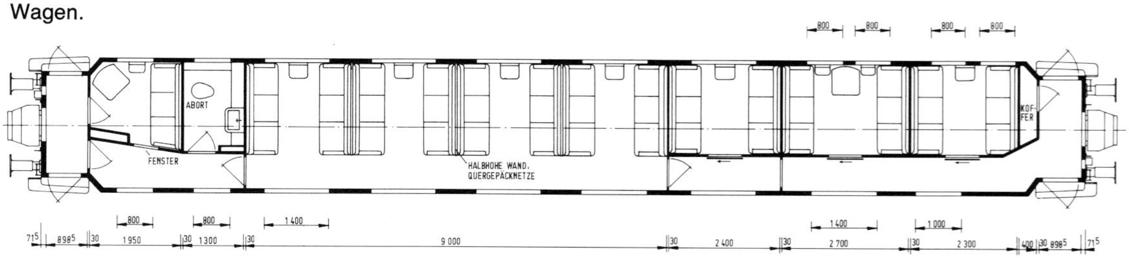

SA 4 üK-28, nicht zur Ausführung gekommene Umbaustudie der DSG für ehemalige „Rheingold"-Salonwagen. Anstelle dieser Sitzanordnung erhielten insgesamt neun Fahrzeuge Anfang der fünfziger Jahre die konventionelle Speisewagen-Bestuhlung (vgl. Seite 153 unten).

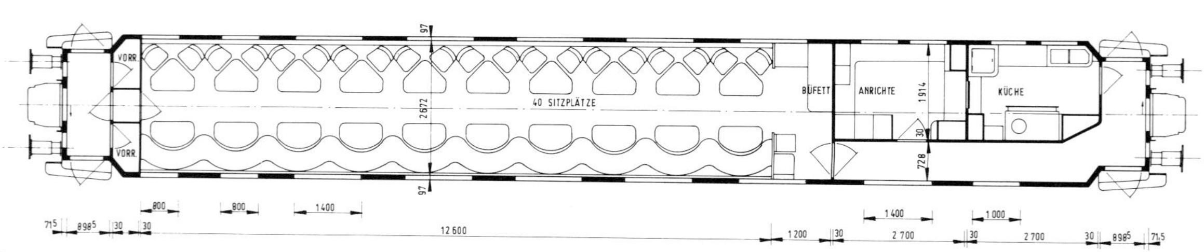

SA 4 üK-28, geplanter Umbau zum SAB 4 ü (1949).

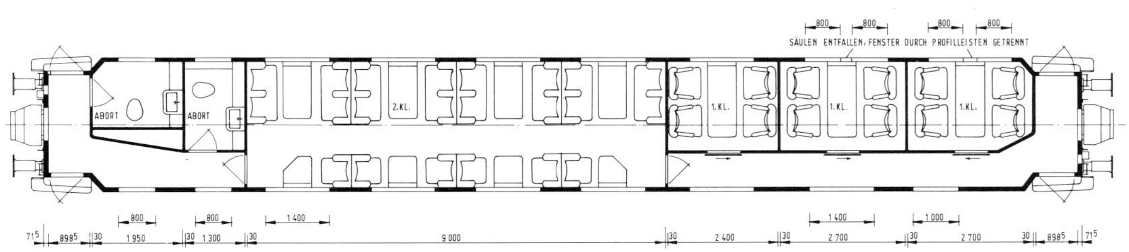

SAB 4 ük-28/34, geplanter Umbau zum SC 4 ü mit Wirtschaftsraum (1949).

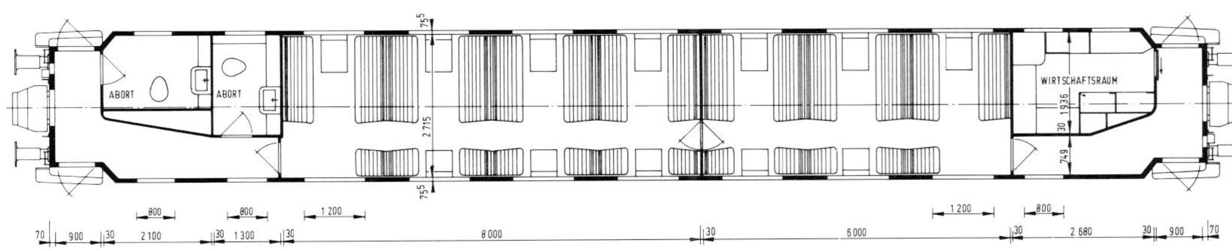

SB 4 üK-28, geplanter Umbau zum SC 4 ü (1949).

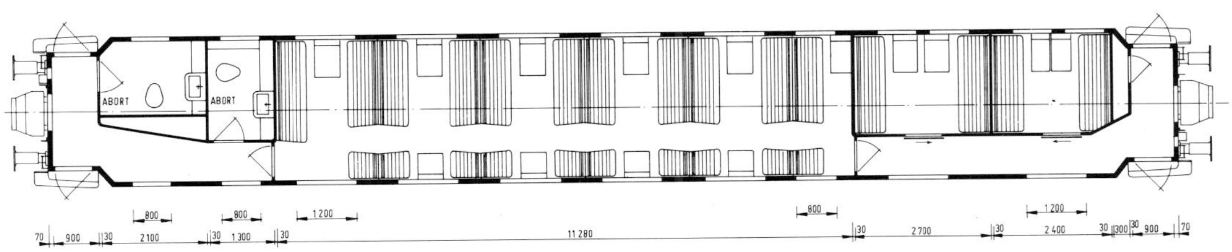

Gesellschaftswagen („Tanzwagen“) WG 4 ük-28/50 mit versuchsweise angebrachter Schürze; es handelt sich um den früheren „Rheingold“-Wagen 10707.

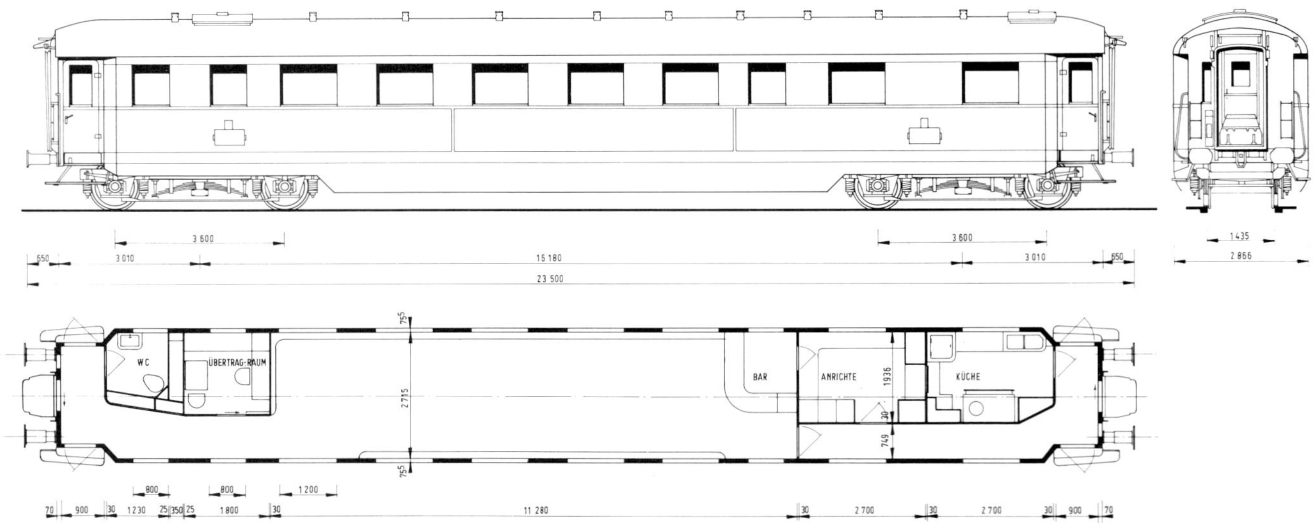

Der 1929 gebaute 2.-Klasse-Wagen mit Küche Nr. 10717 wurde von der DB nach einer Generalüberholung 1950 als WG 4 üklle-29/50 wieder in Dienst gestellt.

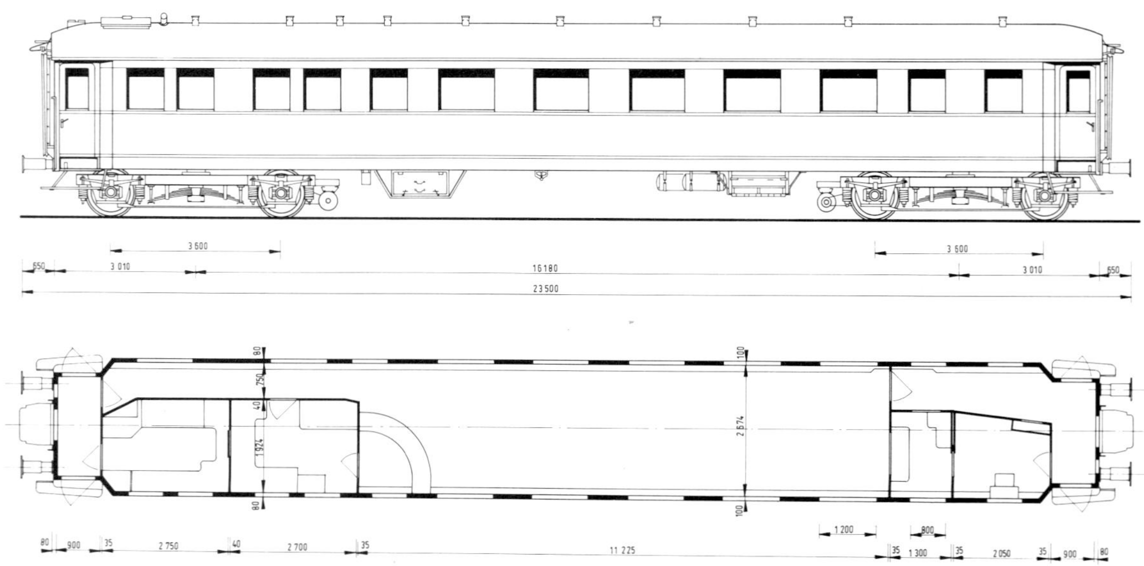

Für den Einsatz in Fernschnellzügen rüstete die DB 1950 die ehemaligen „Rheingold"-Wagen 10702, 10706, 10708, 10711 und 10712 mit Abteilen 1. und 2. Klasse aus. Die Skizze zeigt den AB 4 ü-28/51 Nr. 11358 (ex 10711).

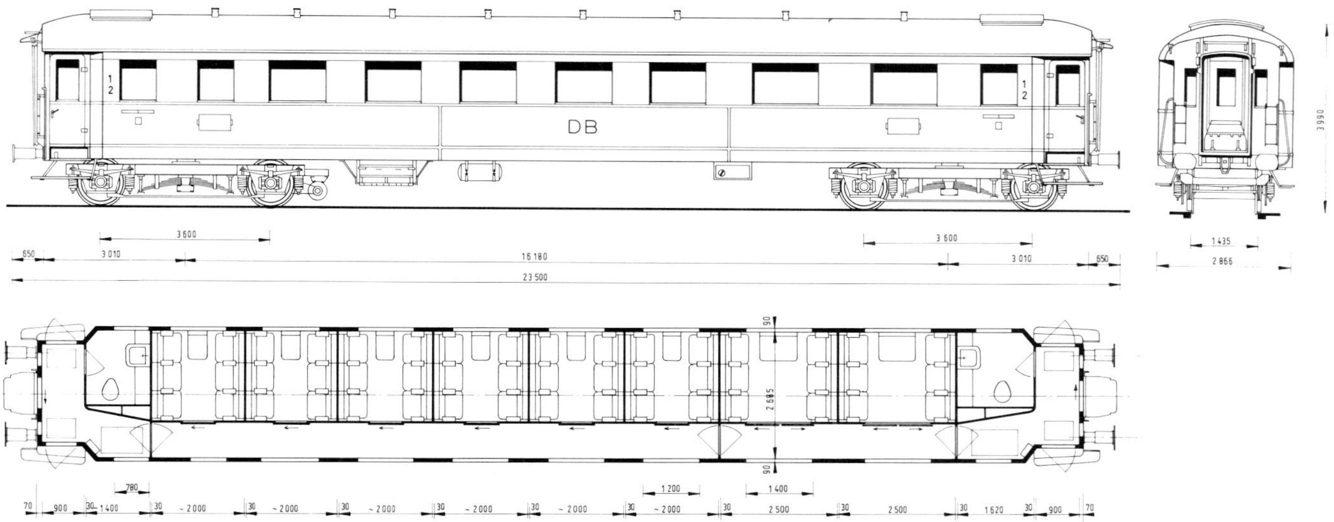

Insgesamt neun ehemalige „Rheingold"-Fahrzeuge erfuhren Anfang der fünfziger Jahre eine Umgestaltung zu DSG-Speisewagen WR 4 ü 28/51 Nr. 1230–1232 (frühere 1.-Klasse-Wagen) und 1234–1239 (frühere 2.-Klasse-Wagen).

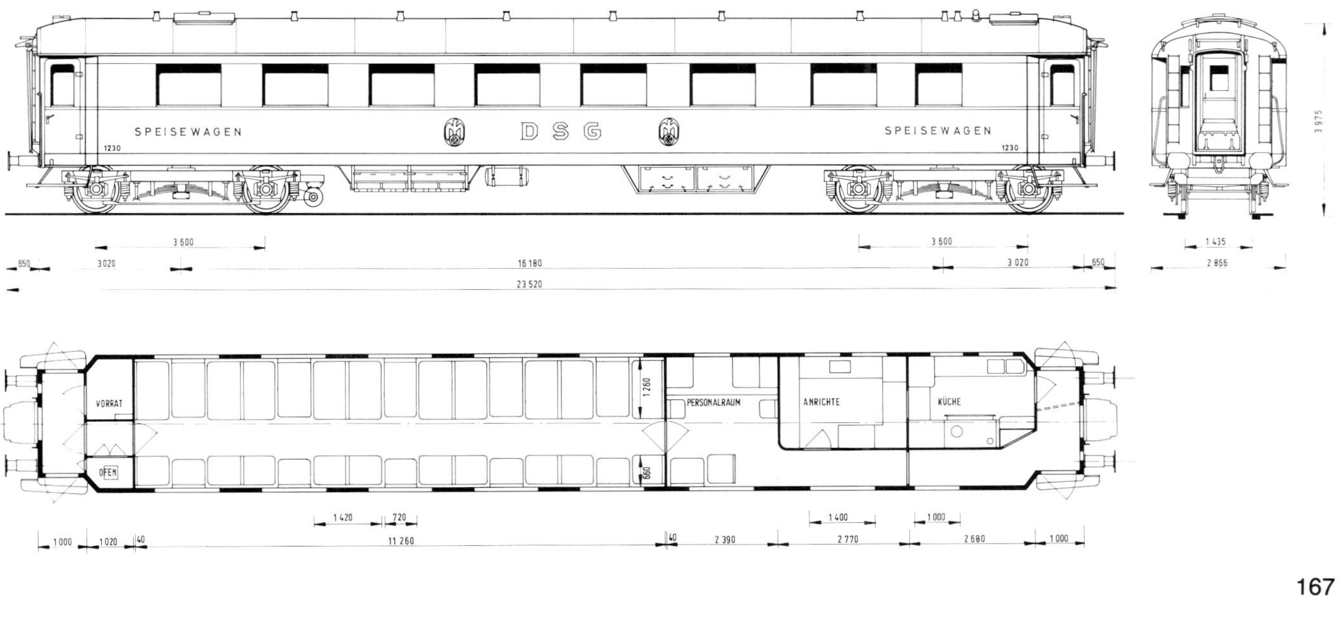

Ab 1951 setzte die Deutsche Bundesbahn generalüberholte blaue „Schürzenwagen“ im „Rheingold-Expreß“ F 163/164 ein.

Mit 22 Exemplaren (214 002 . . . 214 065) war der dreiklassige ABC 4 üew-39/51 die am häufigsten vertretene Wagengattung im F 163/164.

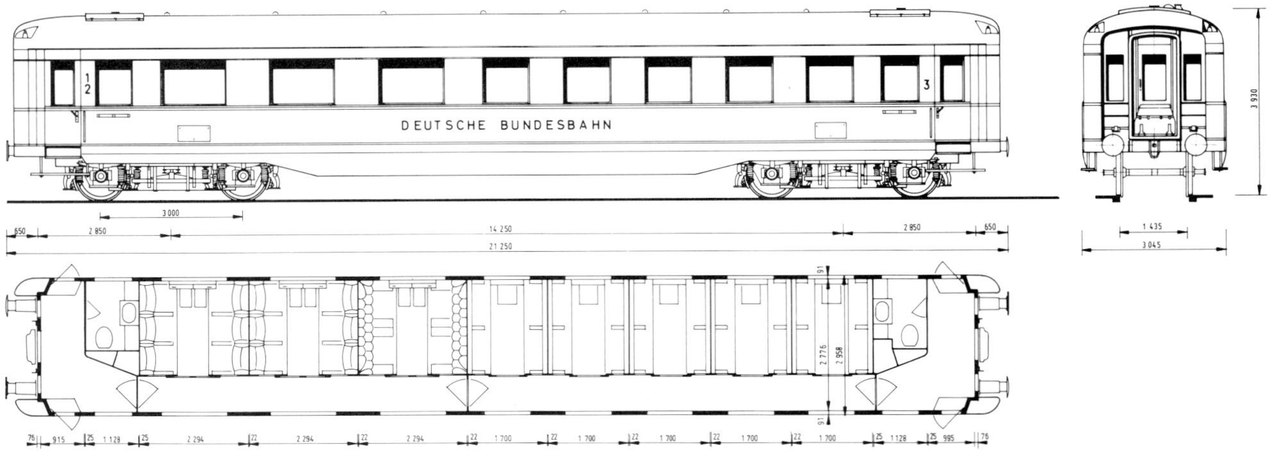

Zehn reine 3.-Klasse-Einheiten C 4 üwe-38/53 mit Kunstlederpolsterung erfüllten ab 1953 die zunehmende Nachfrage nach Plätzen der unteren Wagenklasse (Serie 19 264 . . . 19 516).

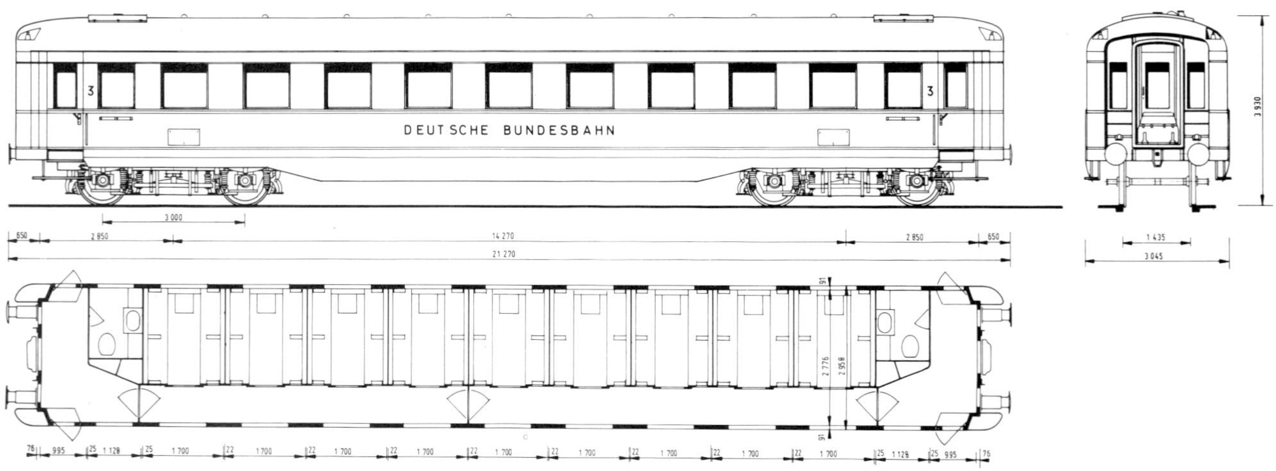

Im komfortableren „Rheingold“ und vereinzelt auch im „Loreley-Expreß“ – wie der dreiklassige Zug ab Sommer 1953 hieß – kamen Mitte der fünfziger Jahre sechs blaue AB 4 üe-38/56 der Schürzenbauart zum Einsatz: 11 658, 11 673, 11 686, 11 689, 11 699 und 11 702.

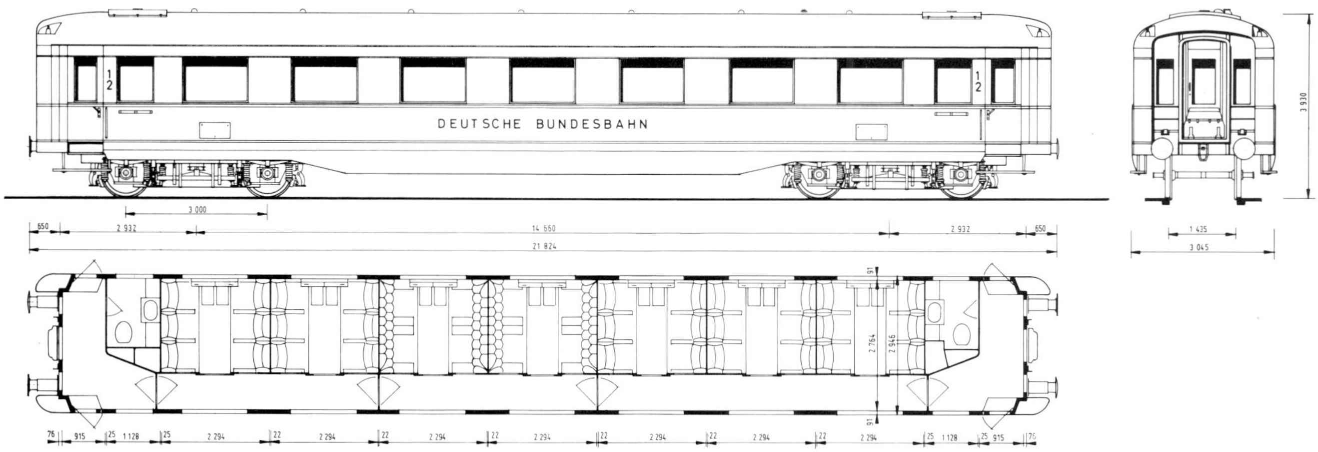

Drei gleichfalls blaue Packwagen der Bauart Pw 4 üe-37/51 liefen im Zugverband des „Rheingold“- und späteren „Loreley-Expreß“: 105 654, 105 659 und 105 680.

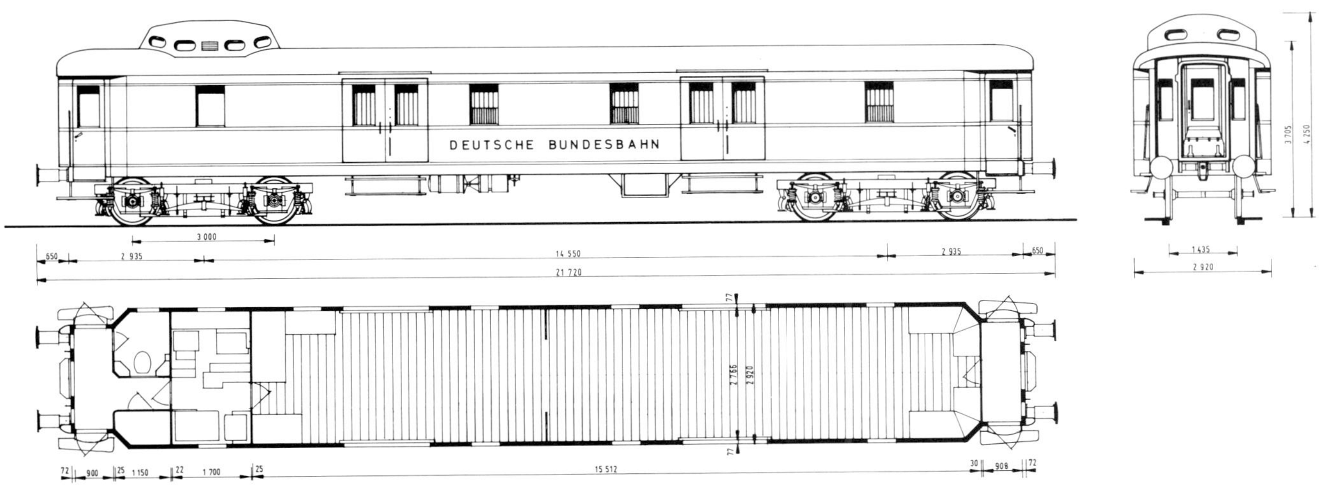

Wegen fehlender Rechtsgrundlage mußte die DSG in den ersten Jahren ab 1951 die Speisewagengestellung der ISG überlassen, die ehemalige Pullman-Fahrzeuge einsetzte.

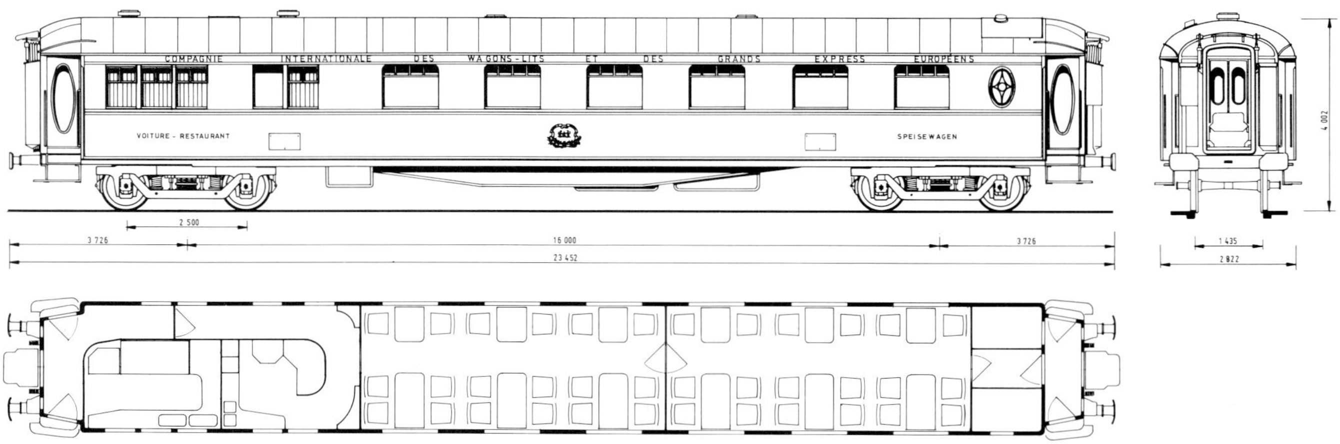

Erst ab 1955 konnten bordeauxrote DSG-WR 4 üe im blauen F 163/164 Verwendung finden. Die windschnittigen Fahrzeuge verblieben auch nach Ablösung der Vorkriegs-Sitzwagen durch 26,40 m lange DB-Neubauten in diesem Zugpaar.

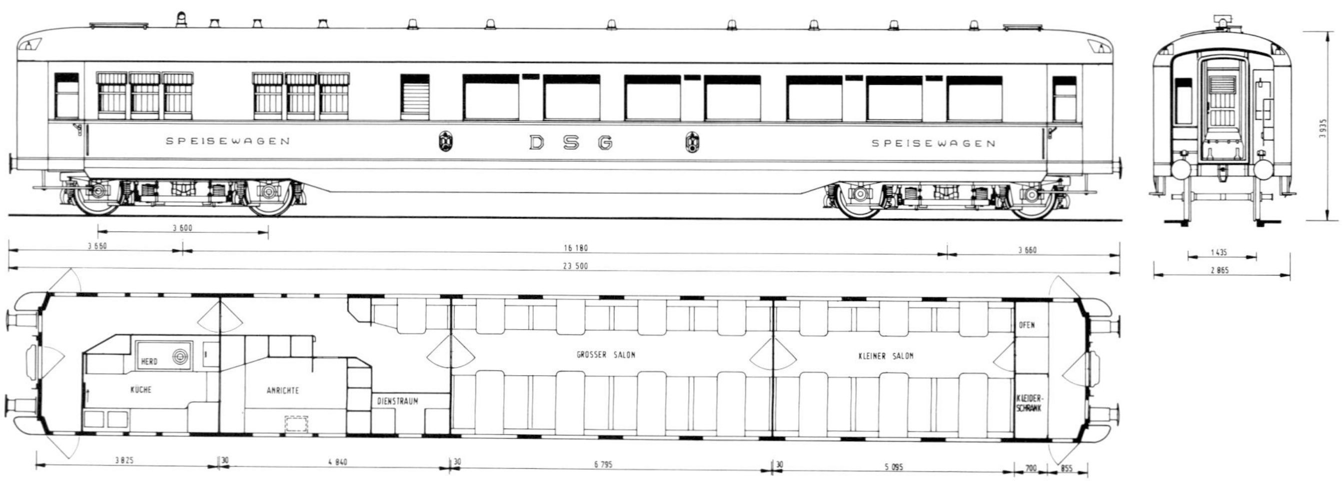

Elektrische Serienlokomotive E 10^1 der Deutschen Bundesbahn, die spätere Baureihe 110.

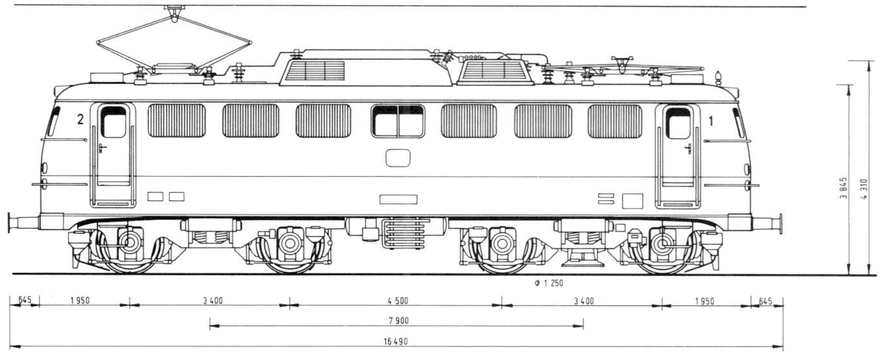

Die aus der E 10^1 entwickelte, zunächst für den Einsatz im „Rheingold" bestimmte elektrische Lokomotive E 10^{12} der Deutschen Bundesbahn. Ende der sechziger Jahre wurde sie zur Baureihe 112, ab 1987 schließlich zur 114.

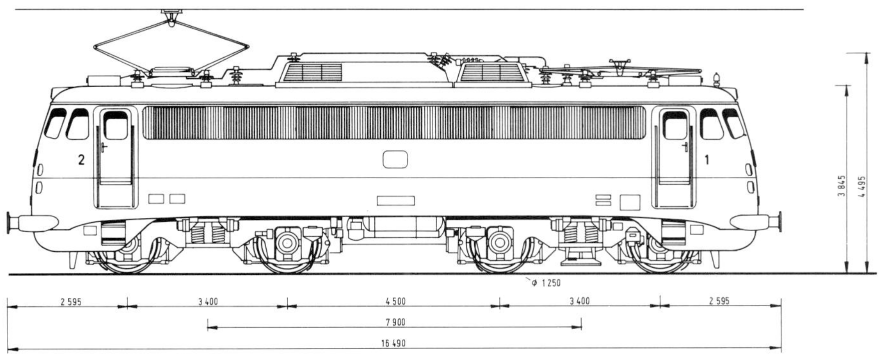

Als Trans-Europ-Expreß wurde der „Rheingold" auf seiner Stammstrecke in Deutschland von elektrischen Lokomotiven der Baureihe 103 gefahren.

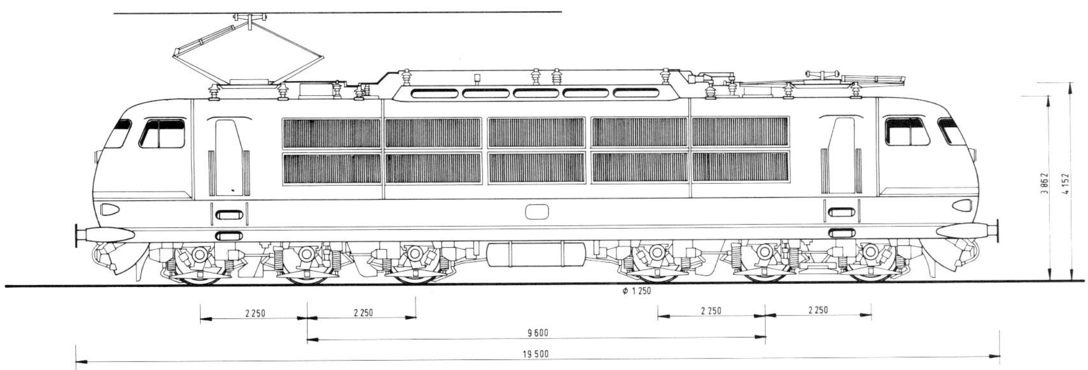

„Abteilwagen“ Av 4 üm-62 bzw.
Av 4 üm-63.

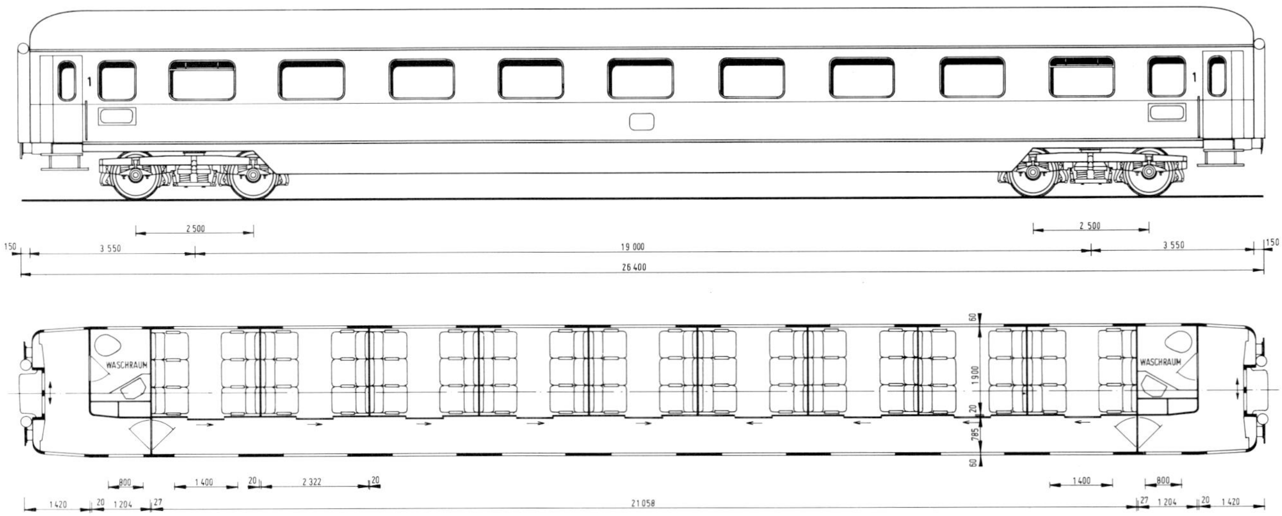

Großraumwagen Ap 4 üm-62 bzw.
Ap 4 üm-63.

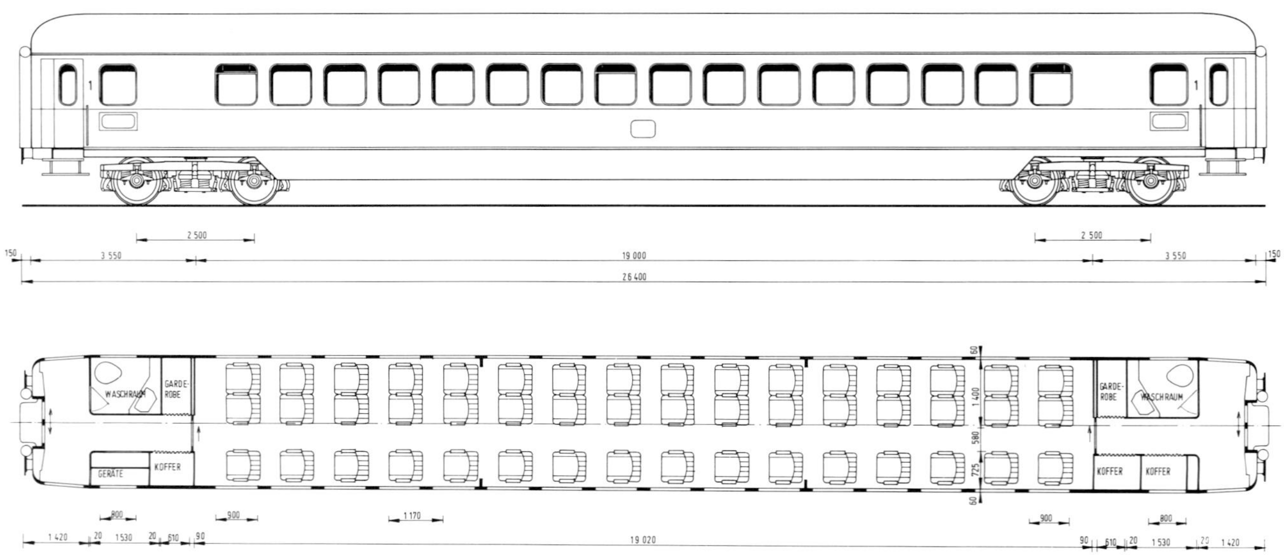

„Dome-Car“ AD 4 üm-62. Die Fenster im Aussichtsabteil der beiden 1963 gebauten Wagen AD 4 üm-63 haben die doppelte Breite, d. h. es sind in Wagenlängsrichtung 4 anstatt 8 Fenster vorhanden.

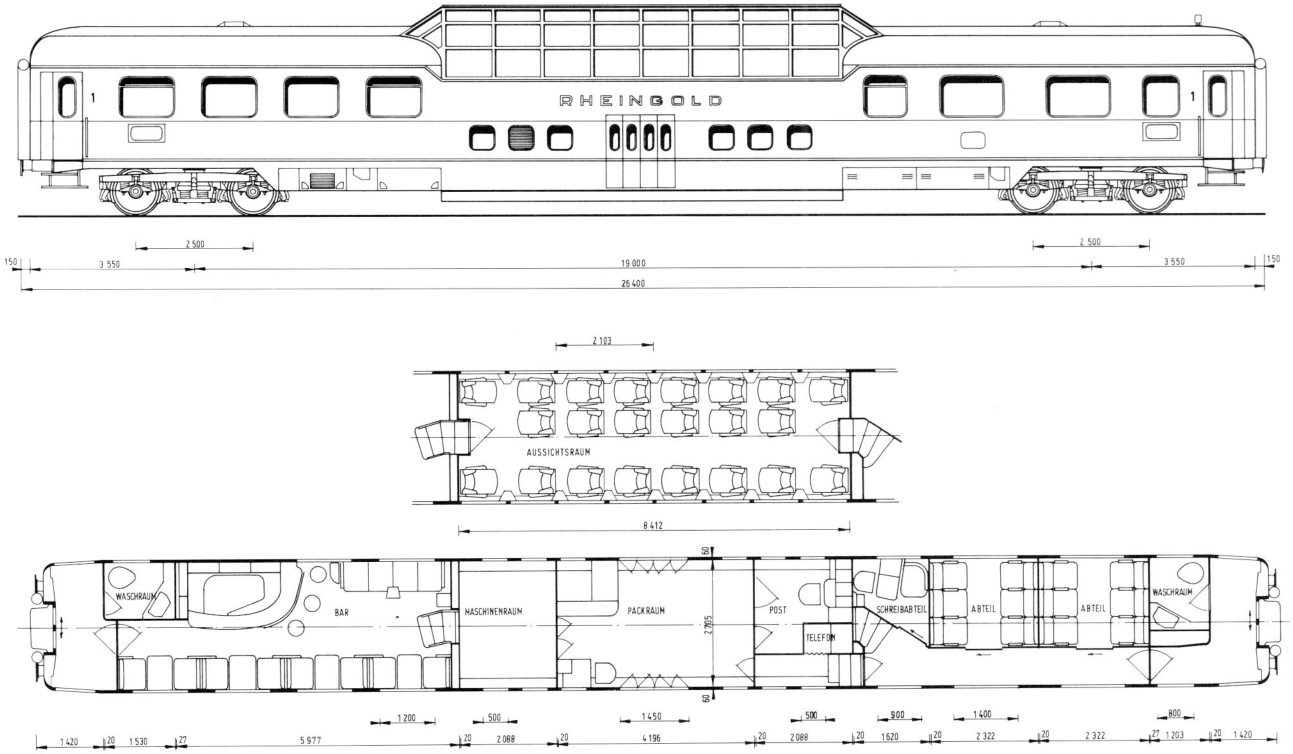

Erster Nachkriegs-Speisewagen-Neubau WR 4 üm-62 bzw. WR 4 üm-63.

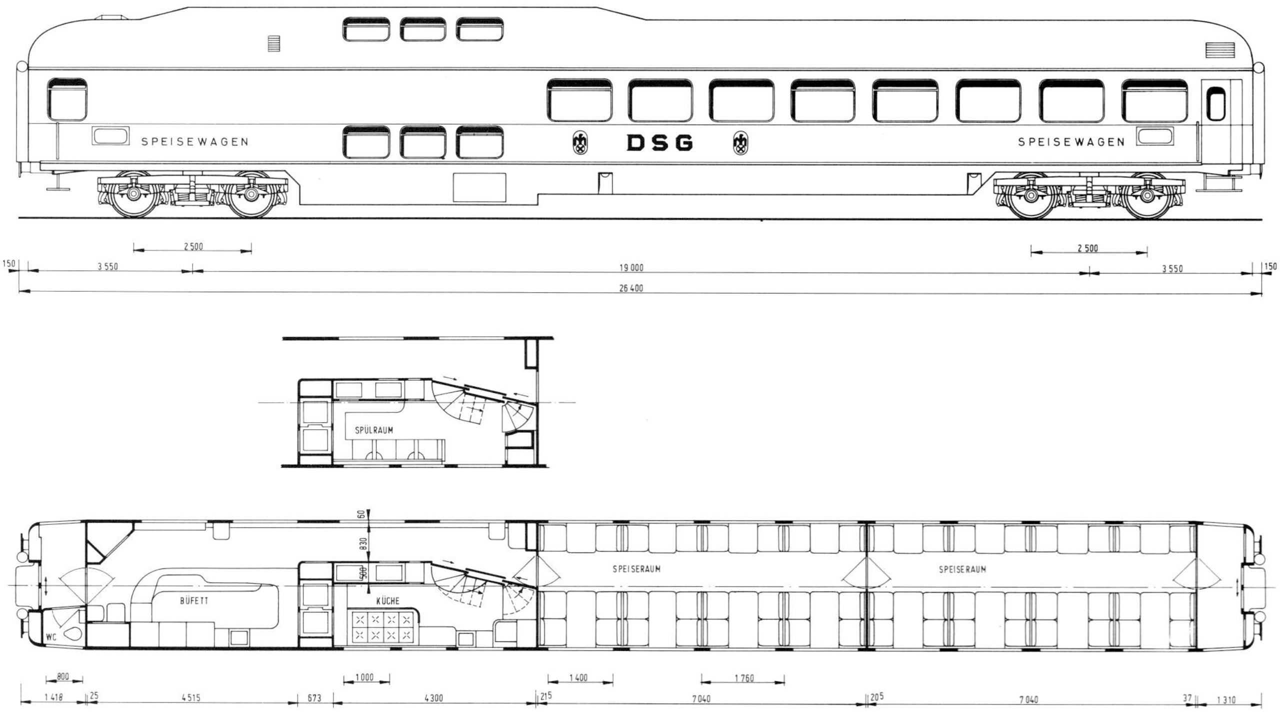

Die Stirnseiten der „Rheingold“-Neubauwagen 1962/63, von links nach rechts: Av 4 üm und Ap 4 üm/AD 4 üm/WR 4 üm; rechts daneben die Stirnseiten des 27,50 m langen DB-Speisewagens WRümz[135] und des ab 1983 eingesetzten „Clubwagens“ WGmh[804].

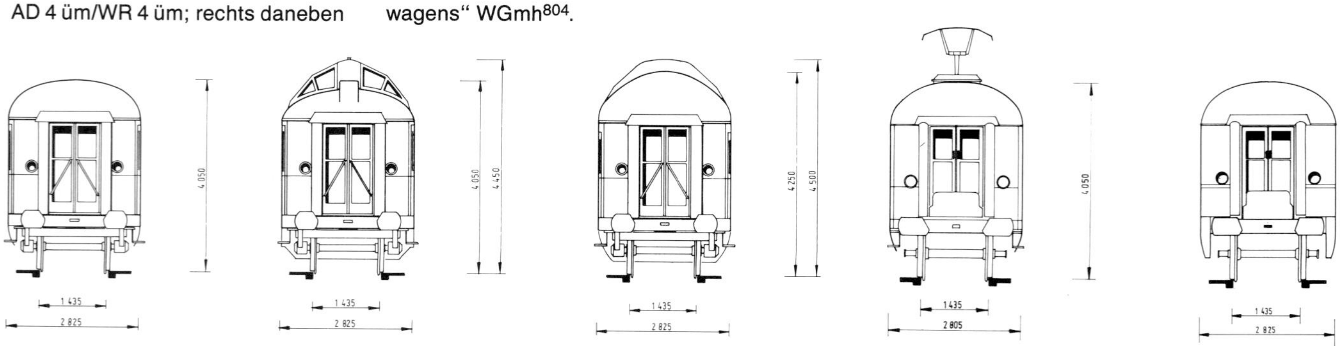

Im Laufe der siebziger Jahre wurden im „Rheingold“ die 1½stöckigen Speisewagen der Jahre 1962/63 durch Neubaufahrzeuge WRümz^{135} ersetzt.

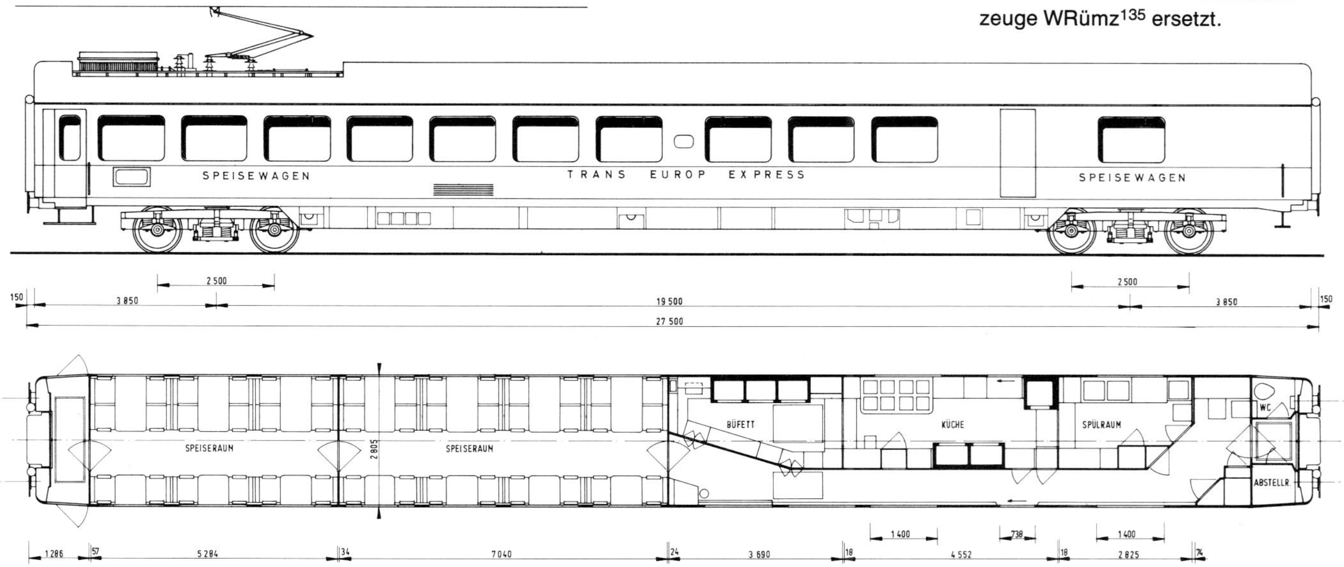

Die drei TEE-Großraumwagen Apmh^{121}, Nr. 61 80 18–80 115-8, 80 116-6 und 80 119-0, erschienen nach grundlegendem Umbau zu „Clubwagen“ WGmh^{804}, Nr. 61 80 89–70 401-8, 70 402-6 und 70 403-4, ab Sommer 1983 im DB-Spitzenzug „Rheingold“. Die gleichfalls hergerichteten drei Speisewagen WRmh$^{132.0}$ entstammten der Serie ohne Dachstromabnehmer.

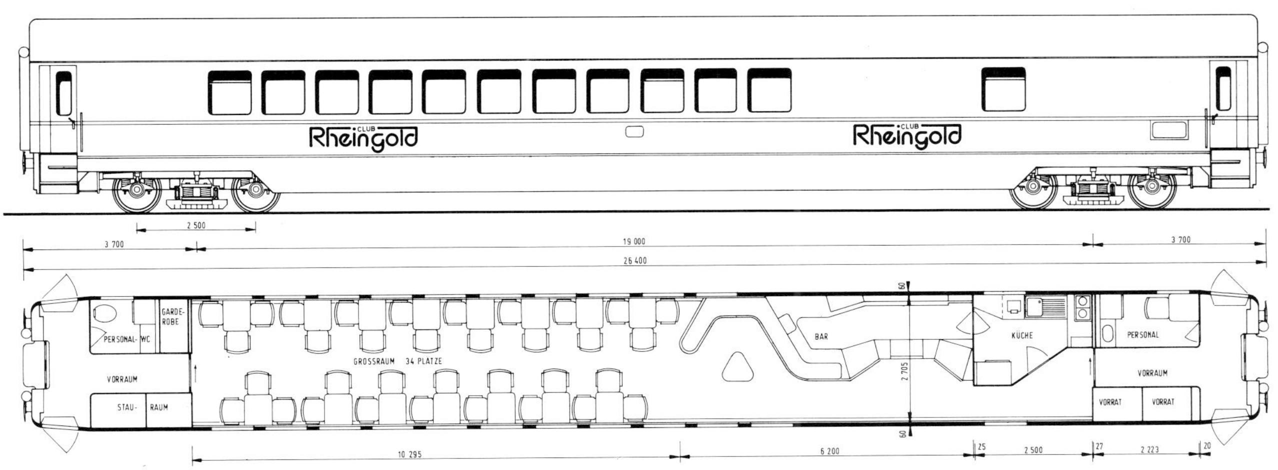

Im sechsten Jahrzehnt verkehren die mittlerweile im Eigentum des Freundeskreis Eisenbahn Köln e.V. (FEK) bzw. des Reisebüros Intraflug Zürich befindlichen letzten „Rheingold“-Wagen von 1928/29.

Der FEK-eigene Speisewagen 51 80 08–43 022-6, ursprünglich 20 508, ist weiterhin international betriebsfähig.

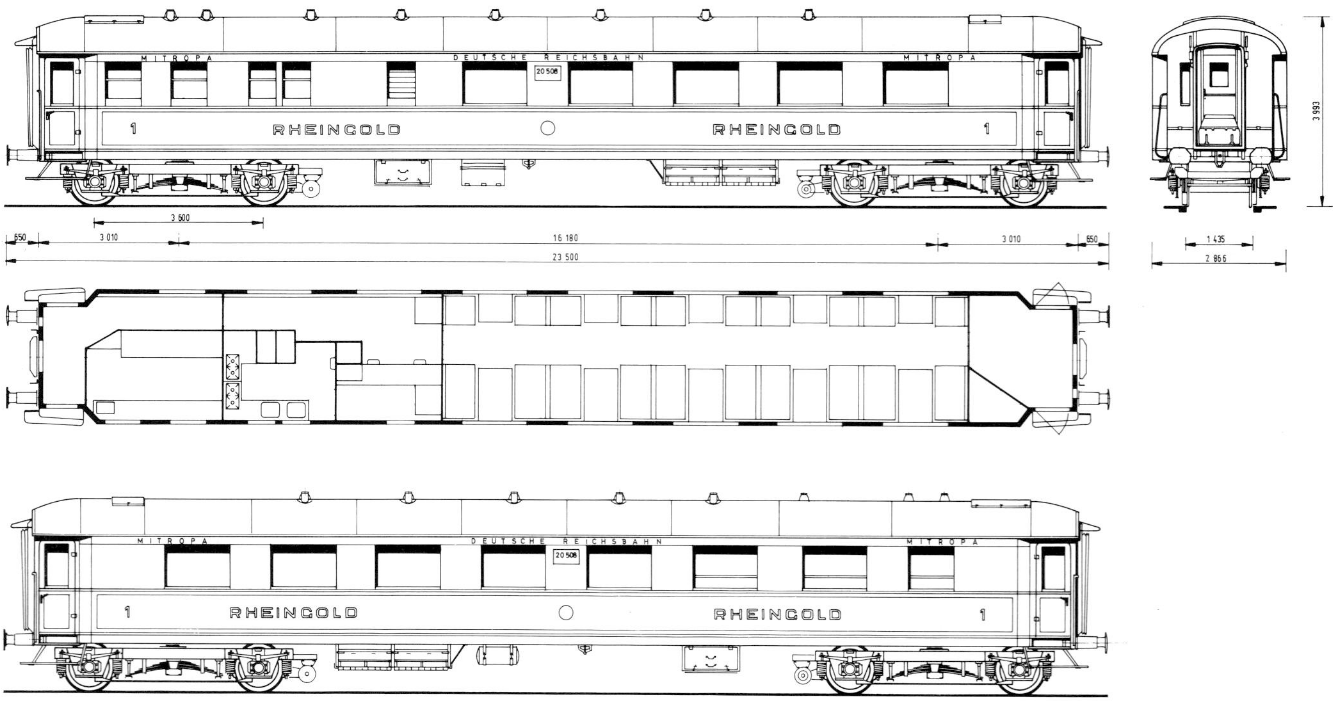

1978 äußerlich restauriert und seither als FEK-Gesellschaftswagen 24 503 (UIC-Nr. 50 80 09–43 020-0) im Einsatz.

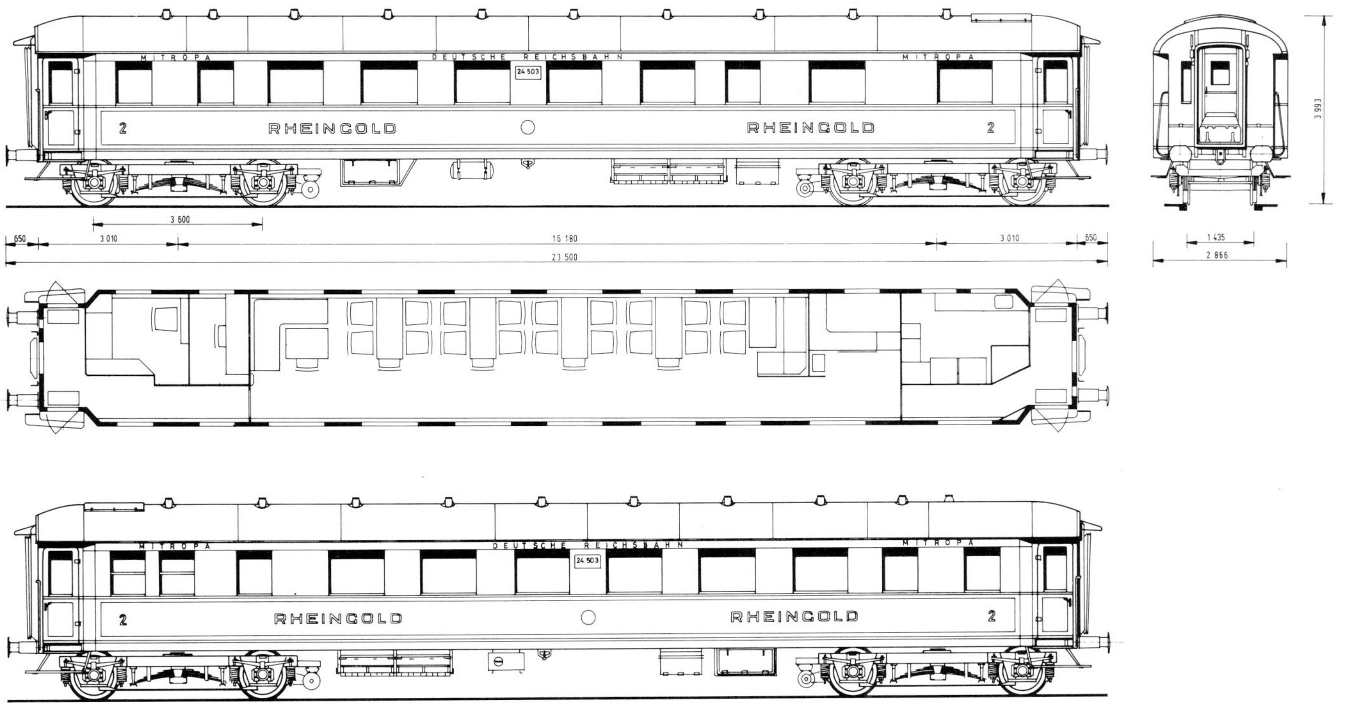

Wieder mit Pullman-Komfort ausgestattet und dabei RIC-fähig: der einstige SB 4 üK-29, heute 51 80 02–43 023-0 bzw. 24 517.

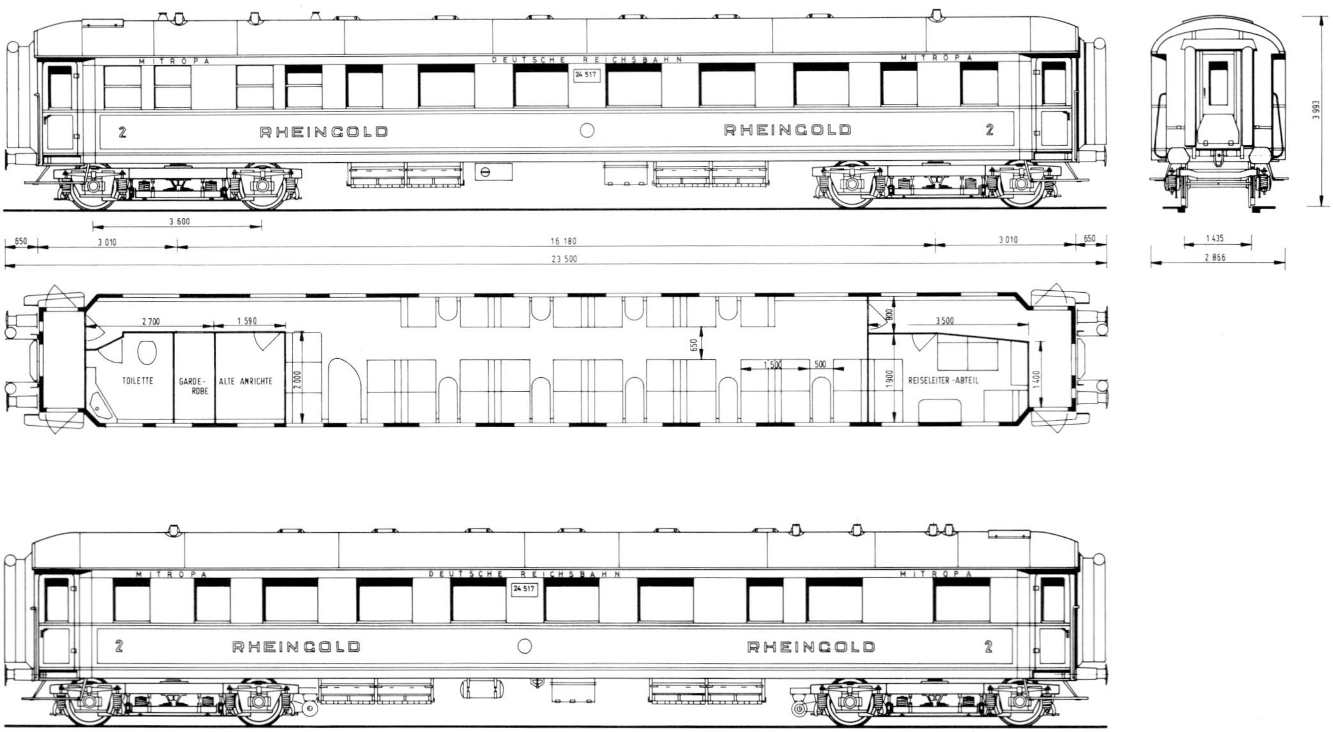

Die beiden Sitzwagen Aüe[305] 50 80 18–43 060-5 (24 508) und 50 80 18–43 061-3 (24 512), nach ihrer Ausmusterung Ende 1982 vom Reisebüro Intraflug Zürich erworben. Zusammen mit drei weiteren ehemaligen „Rheingold“-Salonwagen (24 506, 24 507 und 24 515) werden sie von Grund auf überholt und weitgehend originalgetreu wieder eingesetzt.

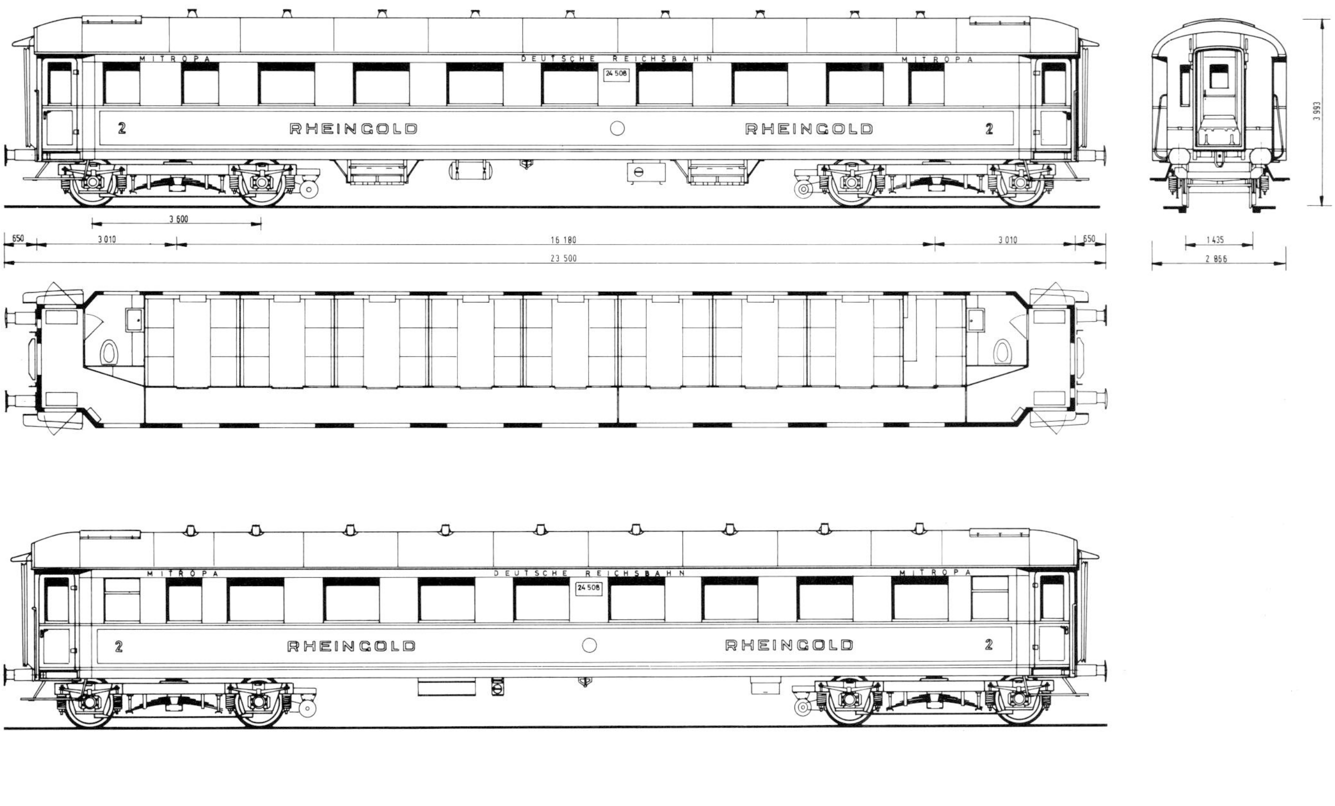

Literaturverzeichnis und Quellennachweis

Helmut Adler/Ulrich Funk: „Das neue Reiseangebot der DB im Schienenpersonenfernverkehr", in Zeitschrift „Die Bundesbahn" 5/1983, Hestra-Verlag, Darmstadt

Wilfried Biedenkopf: „Quer durch's alte Europa", Röhr-Verlag, Krefeld, 1981

Walther Brandt: „Schlaf- und Speisewagen der Eisenbahn, ihre Entwicklung und Geschichte", Franckh'sche Verlagshandlung, Stuttgart, 1968

Eduard Bündgen/Friedhelm Ernst: „Der alte Rheingold", in Zeitschrift „moderne eisenbahn" 19/1966, Alf Teloeken Verlag, Düsseldorf

Friedhelm Ernst: „Der Reisezugwagenpark der Deutschen Reichsbahn nach 1945", in Zeitschrift „Lok-Magazin" 30/1968, Franckh'sche Verlagshandlung, Stuttgart

Dr. A. Gladigau: „Die Rheingold-Lokomotiven der Deutschen Bundesbahn", in „Jahrbuch des Eisenbahnwesens 1964", Hestra-Verlag, Darmstadt

Alfred B. Gottwaldt: „Deutsche Reichsbahn 1935", Franckh'sche Verlagshandlung, Stuttgart, 1975

Gummich/Puschmann/Horstmann: „Mitropa zwischen gestern und morgen", Transpress-VEB Verlag für Verkehrswesen, (Ost-) Berlin, 1966

Bodo Harenberg/Frank-Lothar Hinz u.a.: „Chronik des 20. Jahrhunderts", Georg Westermann-Verlag, Braunschweig, 1982

K.-H. Hoffmeister: „Der neue Rheingold-Zug der Deutschen Bundesbahn", in Zeitschrift „Der Eisenbahner" 7–8/1962, Josef-Keller-Verlag, Starnberg

Jubiläumsschrift „Hundert Jahre deutsche Eisenbahnen", 2. Auflage, Verkehrswissenschaftliche Lehrmittelgesellschaft, Leipzig, 1938

Dr. Johannes Kurze: „Sechs Jahre Wiederaufbau bei der Deutschen Bundesbahn", Sonderheft der Zeitschrift „Die Bundesbahn", Carl Röhrig-Verlag, Köln, Stade und Bad Hersfeld, 1951

Dr. A. Mielich: „Die Rheingold-Wagen 1962 der Deutschen Bundesbahn", in Zeitschrift „Glasers Annalen" 7/1962, Georg Siemens Verlagsbuchhandlung, Berlin und Bielefeld

Peter Molle/Ulrich Schrader: „Neuerungen im Reisezugwagen-Angebot der DB für den Schienenpersonenfernverkehr", in Zeitschrift „Die Bundesbahn" 5/1983, Hestra-Verlag, Darmstadt

Dr. Albert Mühl: „Von der Biscaya bis zu den Sudeten – von der Nordsee bis zum Wienerwald", in Zeitschrift „Eisenbahn" 8/1956, Aloys Ployer-Verlag, Wien

Franz-Ludwig Neher: „F 21 – Rheinpfeil", Franckh'sche Verlagshandlung, Stuttgart, 1953

Horst J. Obermayer: „Taschenbuch Deutsche Elektrolokomotiven", Franckh'sche Verlagshandlung, Stuttgart, 1970

Horst J. Obermayer/Joachim Deppmeyer: „Taschenbuch Deutsche Reisezugwagen", Franckh'sche Verlagshandlung, Stuttgart, 1978

H. Petrovitsch: „TEE 6/7 Rheingold – TEE 74/75 Roland", in Zeitschrift „Fleischmann-Kurier" 49/1973, Fleischmann-Kurier-Verlag, Nürnberg

Pressedienst der Deutschen Reichsbahn: „Reise bequem – Bilder vom Personenverkehr der Deutschen Reichsbahn", Verlag von E. S. Mittler & Sohn, Berlin, 1930

Dr. Karl Raab: „Rheingold – einst und jetzt", in Zeitschrift „Die Bundesbahn" 1965, Hestra-Verlag, Darmstadt

Willy Reinshagen: „Der alte Rheingold", Ergänzungen zu einem Beitrag in Heft 19/1966 der Zeitschrift „moderne eisenbahn", Heft 23/1966, Alf Teloeken Verlag, Düsseldorf

Ralf Roman Rossberg: „Für anspruchsvolle Globetrotter – Rheingold – einer der berühmtesten Luxuszüge Europas geht mit der Zeit", in Zeitschrift „Voraus" 9/1966, Frankfurt (Main)

Ralf Roman Rossberg: „Orange für Loks und erste Klasse", in Zeitschrift „moderne eisenbahn" 3/1971, Alf Teloeken Verlag, Düsseldorf

Hans-Wolfgang Scharf: „25 Jahre Trans-Europ-Expreß-Züge", in Zeitschrift „Eisenbahn-Kurier" 6/1982, Eisenbahn-Kurier-Verlag GmbH, Freiburg

Hans-Wolfgang Scharf: Der Schnellverkehr der DB im Jahresfahrplan 1983/84", in Zeitschrift „Eisenbahn-Kurier" 4/1983, Eisenbahn-Kurier-Verlag GmbH, Freiburg

Hans-Wolfgang Scharf/Friedhelm Ernst: „Vom Fernschnellzug zum Intercity", Eisenbahn-Kurier-Verlag GmbH, Freiburg, 1983

Harald Schön: „Premiere bei der DB: Der neue Club-Rheingold", in Zeitschrift „Eisenbahn-Kurier" 7/1983, Eisenbahn-Kurier-Verlag GmbH, Freiburg

H. Schroeter: „Zur Geschichte des 26,4 m-Wagens", in Zeitschrift „Lok-Magazin" 105/1980, Franckh'sche Verlagshandlung, Stuttgart

Franz F. Schwarzenstein: „Zehn Jahre Rheingold-Zug – Im fahrenden Klubsessel durch deutsches Land am Rhein", Sonderveröffentlichung des Reichsverkehrsministeriums, Berlin, 1938

Dr. Fritz Stöckl: „Europäische Eisenbahnzüge mit klangvollen Namen", Carl Röhrig-Verlag, Darmstadt, 1958

Dr. Fritz Stöckl: „Die Eisenbahnen der Erde, Band 2, Frankreich", Zeitschriftenverlag Ployer & Co., Wien, 1961

Dr. Fritz Stöckl: „Komfort auf Schienen – Schlafwagen, Speisewagen, Salonwagen der europäischen Eisenbahnen", Verlag für Eisenbahn-Straßenbahn, Basel, 1970

Dr. Hugo Stößenreuther u. a.: Dokumentarische Enzyklopädie „Eisenbahnen und Eisenbahner", Bände 1 bis 4, Redactor-Verlag, Frankfurt (Main), 1968, 1970, 1971 und 1972

Verschiedene Veröffentlichungen über den „Rheingold" in den Jahrgängen 1927 und 1928 der Zeitschrift „Die Reichsbahn".

Besonders danken möchte der Autor den nachstehend genannten Herren, die ihre persönlichen Aufzeichnungen, Auszüge aus Privatarchiven und Erlebnisberichte zur Verfügung stellten:

Carl Bellingrodt, Wuppertal
Joachim Berger, Köln
Wilfried Biedenkopf, Würzburg
Jürgen Böhme, Köln
Walther Brandt, Minden (Westf.)
Eduard Bündgen, Köln
Joachim Deppmeyer, Uelzen
Bernd Häuser, Köln
Kurt Hill, Angermund
Gustav Hünemörder, Berlin
Wolfgang Illenseer, Nürnberg
Hans-Georg Kleine, Augsburg
Emil Konrad, Erkrath
H. Noll, Köln
R. Peukert, Frankfurt (Main)
Ralf Roman Rossberg, Murnau
Hans-Wolfgang Scharf, Karlsruhe
Heinrich Schmidt, Mainz
Franz F. Schwarzenstein, Frankfurt (Main)
Dr. Günter Stier, Köln
Dr. Fritz Stöckl, Bad Ischl
Charles R. Gordon Stuart, London
H. Waldorp, Naarden
H. Wervers, Rotterdam
R. Zehentmeier, München.

Ohne ihre Mithilfe sowie die Unterstützung durch die Dienststellen verschiedener Eisenbahnverwaltungen, vor allem der Deutschen Bundesbahn, hätte das Vorhaben nicht verwirklicht werden können.

Nicht zuletzt gebührt Herrn Horst Meissner, Münster (Westf.), Dank für die Anfertigung aller Fahrzeugskizzen.

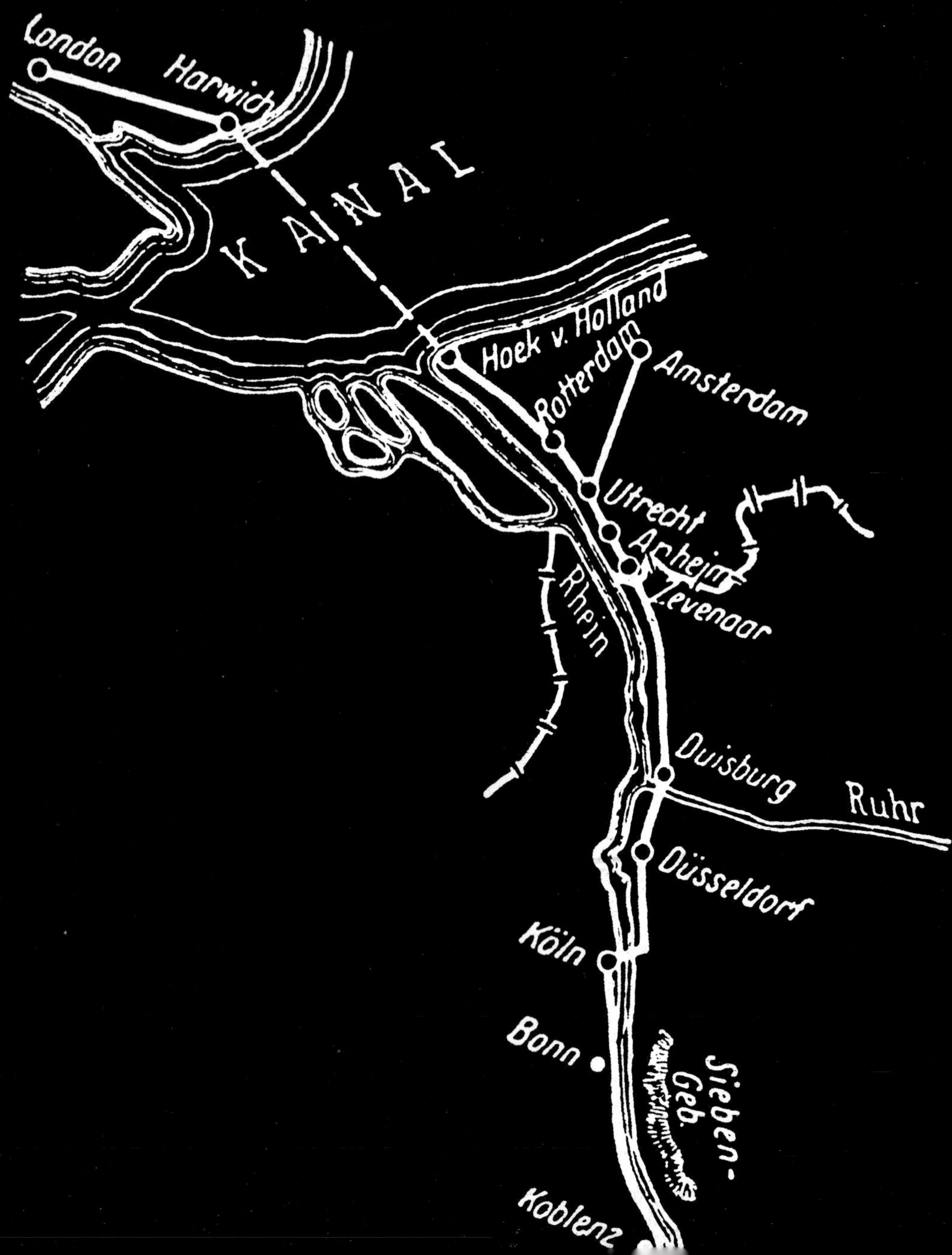
London
Harwich
KANAL
Hoek v. Holland
Rotterdam
Amsterdam
Utrecht
Arnheim
Zevenaar
Rhein
Duisburg
Ruhr
Düsseldorf
Köln
Bonn
Sieben-
Geb.
Koblenz